관계도시

관계도시
— 조금 덜 익명적이고 때때로 연결되는

박희찬 지음

2024년 12월 20일 초판 1쇄 발행

펴낸이 한철희 | 펴낸곳 돌베개 | 등록 1979년 8월 25일 제406-2003-000018호
주소 (10881) 경기도 파주시 회동길 77-20 (문발동)
전화 (031) 955-5020 | 팩스 (031) 955-5050
홈페이지 www.dolbegae.co.kr | 전자우편 book@dolbegae.co.kr
블로그 blog.naver.com/imdol79 | 페이스북 /dolbegae | 트위터 @Dolbegae79

편집 김진구
표지디자인 김민해 | 본문디자인 김민해 · 이은정 · 이연경
마케팅 심찬식 · 고운성 · 김영수 | 제작 · 관리 윤국중 · 이수민 · 한누리
인쇄 · 제본 영신사

ISBN 979-11-94442-06-6 (03540)

책값은 뒤표지에 있습니다.

관계도시

박희찬

조금

덜

익명적이고

때때로

연결되는

돌베개

차례

프롤로그 디자인, 건축, 도시는 어떻게 일상을 만드는가 9

1 사람과 사람

18 (1:1 scale) 휘게, "내가 일하며 돈을 버는 이유"
덴마크어 중 가장 유명한 단어 19
삶에 뿌리내린 특별한 감성 23

27 (1:10 scale) 어둠을 표현하는 방식
공간의 분위기를 만드는 조명, PH램프 28
빛을 연구하다 32

37 (1:100 scale) 숟가락부터 건물까지
데니시 모던 38
건축과 디자인 그리고 예술 41
전통과 모더니즘 사이에서 45
건축가보다는 가구 디자이너로 기억되는 48
핀 율의 집 53

58 (1:1,000 scale) 길게 늘어선 건물들의 사잇길
로우하우스, 렝에, 레케후스 59
도시의 역사와 시간을 간직한 뉘보더 62
매력적인 사잇길, 카토펠레케르네 66

75 (1:10,000 scale) 코펜하겐 하버, 공동의 거실
상인들의 항구 76
산업시설에서 시민을 위한 항구로 78
칼브볼 웨이브, 자유로운 행위가 동시다발적으로 일어나는 84

2 사람과 집단

94 (1:1 scale) 집단주의 또는 상생주의

상실의 시대와 얀테의 법칙 95

동전의 양면 같은 집단주의와 상생주의 98

102 (1:10 scale) 두 개의 의자

한스 웨그너와 아르네 야콥센 103

더 체어 vs. 앤트 체어 107

디자이너와 장인의 협업 115

120 (1:100 scale) 공동체 주거를 실험하다

가사 노동 서비스를 제공하는 공동주택 121

공동체 삶과 독립적 일상의 균형 125

공동체 주거는 출생률을 높일 수 있을까 129

134 (1:1,000 scale) 역사가 남긴 상상의 흔적들

양조공장 입구에 코끼리가 있는 이유는? 135

티볼리 공원, 오리엔탈리즘과 근대화가 혼재된 140

147 (1:10,000 scale) 자율 도시 크리스티아니아

루저들의 파라다이스 148

자연발생적인 공동체 153

현재진행형 코뮌, 지속가능한 크리스티아니아 156

3 사람과 이념

164 (1:1 scale) 조합, 사회를 지지하는 뼈대

농민들 협동조합을 만들다 165

조합, 문화이자 사회 시스템이자 일상의 배경 171

174 (1:10 scale) 사람들의 의자, 모두를 위한 가구
소비자협동조합의 탄생 175
사람들의 의자, 모두를 위한 가구 178

187 (1:100 scale) 공공주택을 대신하는 사회주택
저렴하면서 실험적인 사회주택 188
'사회주택 플러스' 모델 193
파룸 센터, 근대 건축과 전원적 삶의 결합 197
서머뤼스트, 지역 커뮤니티의 유산 206

213 (1:1,000 scale) 작은 땅이 주는 위로
도시생활로부터의 해방감 214
시민농장의 의미와 가치 217

224 (1:10,000 scale) 익명적이면서도 소속되고 연결되어 있다는
협동조합주택, 주거 안정과 색다른 소유 개념 225
베스터브로, 조합원들의 도시 229
익명적이면서도 소속되고 연결되어 있다는 233

4 사람과 도시

240 (1:1 scale) 자동차에 불친절한 도시
자동차를 소유하기 어려운 조건 241
스트로을, 차가 없는 거리 242
지하에서 지상으로 249

256 (1:10 scale) 자전거 중심 도시
자전거, 빠르고 효율적인 교통수단 257
자전거 문화를 활성화하기 위해서는 262
릴레 랑헤브로, 새로운 도시 공간을 만드는 다리 266

275 (1:100 scale) 공간적 사치 또는 건축의 잠재력
발코니, 주택의 안과 밖 사이 276
건물 외관부터 이웃과의 소통까지 279

283 (1:1,000 scale) 중정 도시

중정, 공동의 작은 공원 284

시대정신과 그 한계까지 간직한 공동주택 288

294 (1:10,000 scale) 손가락과 손가락 사이의 공간

인구 집중과 도시 팽창 295

핑거플랜, 도시계획의 방향 297

에필로그 조금은 덜 익명적인 관계도시 305

참고한 책들 313

프롤로그

디자인, 건축, 도시는 어떻게 일상을 만드는가

디자인, 건축, 도시에 투영된 '관계' 맺기의 방식

대한민국에서 나고 자란 나는, 2008년 덴마크 코펜하겐으로 이주한 이후 건축가로서 지금껏 이곳에서 생활하고 있다. 나는 업무상 한국으로 출장을 가는 일이 잦아, 1년에도 여러 차례 서울과 코펜하겐을 오가곤 한다. 덕분에 두 도시를 지속·반복적으로 경험하는데, 그 과정에서 두 도시의 차이가 점점 분명하게 다가왔다.

서울과 코펜하겐은 지형적으로 매우 다르다. 서울은 산으로 둘러싸여 있는 반면, 코펜하겐은 평평하다. 그 흔한 언덕도 코펜하겐에서는 보기 어렵다. 코펜하겐의 크기는 서울의 7분의 1 정도 작고, 인구는 15분의 1 정도 적다. 코펜하겐의 인구밀도는 서울의 절반이 채 되지 않는다. 두 도시의 성장 과정도 매우 다르다. 서울은 자본주의 경제를 바탕으로 압축 성장하는 과정에서 세워진 고층 건물이 즐비한 대도시다. 반면 코펜하겐은 사회민주주의 체제에서 서서히 성장한 도시다. 이처럼 역사와 환경이 판이하게 다르니 두 도시의 모습이 확연히 다른 것은 당연하다.

나의 흥미를 끈 지점은 두 도시의 표면적 차이점이기보다는 두 도시에서 거주하고 있는 사람들이 관계를 맺는 방식의 미묘한 차이였다. 분명히 차이가 있지만 그것을 뭐라고 설명한다는 것은 어려운 일이다. 관계 맺기의 방식은 매우 다양하기 때문이다. 또 자칫 제한된 경험을 단순화하여 서술하면 너무도 주관적인 해석이 되어버릴 수 있다.

다양한 관계 맺기의 방식은 그 단위가 확장될 때 점점 가시화되고 그에 대한 서술도 가능해진다. 집단화, 조직화, 정치화 과정을 거치면서 사람들의 관계 맺기 방식은 사회적 합의를 통해 구체화되고 체계화되기 때문이다. 단위가 확장된 관계 맺기의 방식은 때로는 한 사회의 문화로, 때로는 국가의 정책으로, 때로는 물리적 삶의 환경으로 그 모습을 나타낸다. 그렇기에 사람들의 관계 맺기는 중앙집권 사회보다는 민주 사회에서 더 분명하게 보이고, 농촌보다는 대도시에서 더 다양하게 드러난다.

한국 사회는 어떠한가? 일제 침략, 한국전쟁, 독재 체제, 산업화와 민주화의 역사를 겪으면서 한국 사회는 급격한 성장과 변화, 왜곡, 파괴 등을 경험했다. 이러한 과정을 거친 한국 사회에서 사람들의 관계 맺기 방식이 선명하게 드러나기는 쉽지 않았다. 험난한 역사적 과정을 헤쳐나가기 위해, 사람 간의 관계 맺음보다는 전체를 위한 희생, 신속한 정치적 결정, 그리고 격렬한 변화를 수용할 만한 빠른 팽창이 상위 개념으로 작용했기 때문이다.

반면에 덴마크는 급진적인 역사적 변화를 경험하기보다는 점진적으로 발전한 사회다. 피 한 방울 흘리지 않고 단계적 민주화를 맞이했으며, 영국처럼 급격한 산업혁명을 겪지도 않았다. 제2차 세계대전 당시 독일에 침략을 받자마자 비굴할 정도로 재빨리 항복하면서 대규모 전투나 폭격의 피해를 입지도 않았다. 그렇기에 내가 살고 있는 덴마크 수도 코펜하겐의 일상을 유심히 들여다보려고 했다. 내가 경험한 덴마크 사회에는 사람들의 관계 맺기 방식에서 비롯된 다양한 요소들이 그들의 일상에 녹아들어 가시화되어 있었기 때문이다.

나는 이 책을 통해 덴마크 수도 코펜하겐이 서울을 비롯한 여타 대도시와 '어떻게' 다른가를 보여주기보다는 '왜' 다른지를 드러내려고 한다. 현대 대도시의 익명성 속에서 사람들이 어떤 방식으로 서로 관계를 맺으며, 그 관계가 사회를 어떻게 구성하고 일상 혹은 도시의 물리적 공간과 어떻게 상호작용하는지를 이해하려는 것이 이 책의 목적이다. 이 책이 다루고 있는 코펜하겐의 디자인, 건축, 도시 그리고 일상은 주제가 아닌 다만 소재일 뿐이다. 다시 말해 일상에서 맺는 관계가 디자인, 건축, 도시에 투영되어 가시화된 사례의 모음이다. 그러므로 궁극적으로 이 책은 디자인, 건축, 도시에 대한 것일 뿐만 아니라 관계에 대한 이야기이다.

스케일, 이야기를 담는 구조체

코펜하겐의 디자인, 건축, 도시를 살펴보며 덴마크 사람들의 관계 맺기에 대한 글을 쓰고자 결심하였을 때, 내 머릿속을 가장 먼저 채운 것이 있었다. 내가 가진 단편적인 정보들을 어떠한 구조체에 담아내느냐에 대한 고민이었다. 이 책에 담을 개개의 경험과 정보들을 어떻게 하면 큰 틀 속에서 하나의 이야기로 만들 수 있을까? 어떻게 하면 내가 말하고자 하는 이야기들이 일관성을 가지면서 힘을 잃지 않고 독자들에게 전달될 수 있을까? 이러한 고민은 자연스럽게 이 책이 '쓰기'writing이기보다는 '짓기'building이길 바라는 마음으로 옮겨갔다.

나는 이 책을 짓기 위해 우선 책의 뼈대를 이룰 구조가 필요했다. 그리고 책의 구조를 결정하는 '그리드'grid의 개념으로서 '스케일'scale(척도)의 개념을 사용했다. 스케일은 책을 구성하는 뼈대가 될 뿐 아니라, 각각의 이야기를 연결하는 매개 역할을 하게 될 것이다. 또 덴마크의 도시, 건축, 디자인을 바라보는 일종의 '도구'로 사용될 것이다. 스케일은 실제 건축물과 공간의 크기를 일정 비율로 줄여 모델 또는 도면상에서 표현하는 방법을 말한다. 건축가들은 설계 작업을 하는 동안 스케일 개념을 통해 무의식적으로 현실과 도면을 넘나든다. 스케일은 실제로 현실화될 건물과 건축가의 상상력을 연결하는 가장 중요한 매개이다.

이 책의 뼈대가 될 구조체로서 사용될 '스케일' 에 대한 아이디어는 1968년 레이 임스Ray Eames와 찰스 임스Charles Eames가 만든 짧은 다큐멘터리 영화 《파워스 오브 텐》*Powers of Ten*에서 비롯되었다. 우연히 접한 이 짧은 영화는 내게 강한 인상을 남겼다. 미국 시카고의 호숫가에 연인이 피크닉을 즐기러 나와 낮잠을 청하는 가운데 영상은 연인 중 남자의 손등에서 시작한다. 카메라 영상의 시점은 고정되어 있지만 영상은 10초마다 10배씩 커지는데, 이를 통해 시청자는 인간의 저 깊은 곳 DNA부터 저 멀리 우주의 은하계까지 여행하게 된다. 이 다큐멘터리에서 10의 배수는 우주의 구성을 가시화해 시청자에게 그 모습을 전달하는 매개 역할을 하며 전 우주를 짧은 시간에 경험할 수 있게 하는 강력한 도구로 작용한다.

《파워스 오브 텐》의 10의 배수처럼, 이 책의 구조체로 사용될 '스케일'은 덴마크의 디자인, 건축, 도시에 대한 나의 생각, 경험 그리고 사실을 전달하는 도구이다. 이 책은 크게 '사람과 사람', '사람과 집단', '사람과 이념', '사람과 도시' 4개의 큰 챕터로 이루어져 있다. 그리고 다시 각 챕터의 소주제를 1:1부터 1:10,000 스케일까지 대상의 크기로 나누었다. 1:1 스케일은 크기가 존재하지 않아 축적이 필요하지 않은 역사적 사실이나 일상의 이야기를 다룰 것이다. 1:10 스케일은 손에 잡힐 만한 가구 디자인이나 실내 환경에 대한 이야기이며, 1:100 스케일은 주거와 건축과 관련된다. 1:1,000 스케일은 단일 건축보다 더 큰 범위의 장소에 대해, 1:10,000 스케일은 도시에 대한 이야기를 다룬다.

'스케일'에 대한 또 다른 바람이 있다면, '스케일'이 독자들로

하여금 덴마크의 일상을 손쉽게 여행할 수 있도록 돕는 지도 역할을 하는 것이다. 이 책을 '짓기'building라고 했을 때 이 책이 도시와 비슷했으면 하는 바람이 있었다. 도시는 동시다발적이다. 도시를 구성하는 수많은 요소들이 크기와 상관없이 마구 섞여서 동시에 움직인다. 한 지점에서 다른 지점을 갈 때 꼭 한 가지 방법을 고집할 필요는 없다. 자전거를 타건 택시를 타건, 빠른 길을 택하건 우회하는 길을 택하건 방법은 취향과 목적에 따라 달라진다. '스케일'이 덴마크의 디자인, 건축, 도시의 세계를 여행하는데 자기만의 여정을 만들도록 돕는 지도 역할을 하기를 바란다. 독자 여러분이 이 책을 처음부터 차례대로 읽어도 좋겠지만, 굳이 그렇게 하지 않아도 된다. 동일 스케일의 내용부터 추려 읽어도 좋고, 거꾸로 읽어도 혹은 읽고 싶은 부분만 읽어도 좋다. 이 책을 읽는 자기의 관심과 목적이 무엇이며, 책을 읽는 현재 자신이 어디에 있는지 잊어버리지만 않는다면 어떻게 읽어도 상관없다. 덴마크의 일상에 관한 4개의 큰 챕터와 그 아래 5개의 스케일이 만들어내는 이 책의 지도를 통해 독자들이 덴마크의 디자인, 건축, 도시를 마음껏 여행할 수 있기를 바란다.

이 책은 덴마크 사람들의 관계 맺기로부터 비롯되는 덴마크의 일상에 대한 이야기이다. 이 책의 내용은 물리적이건 비물리적이건 덴마크의 일상을 떠받치는 토대를 다루고 있기에, 덴마크의 최신 유명 디자인 제품을 소개하지도, 최근 주목받는 디자인 동향이나 젊은 건축가들을 애써 소개하려 하지도 않는다. 대신 덴마크적 일상의 배경이 되는 디자인, 건축, 도시를 들여다보고,

거꾸로 일상의 모습을 통해 다시금 덴마크의 디자인, 건축, 도시를 살필 수 있는 순환적 구조를 만들어내고자 했다. 이 순환적 구조를 위해 '스케일'이라는 도구가 필요했다. '스케일'은 하늘에서 도시를 한눈에 내려다볼 수 있는 열기구 역할을 할 수 있고, 아주 세밀한 대상을 들여다보는 렌즈 역할도 할 수 있기 때문이다.

이 책을 읽기 전 독자들과 한 가지 팁을 공유하고자 한다. 독자들이 책의 제목이 왜 '관계도시'일까에 대해 한번쯤은 의문을 가지고 책을 읽었으면 한다. 스케일이란 도구를 이용해 덴마크적 일상을 살피며 추출한 하나의 개념은 '관계'였다. 나는 덴마크인들 특유의 관계 맺기 방식이 그들의 디자인, 건축, 도시환경에 어떠한 영향을 미쳤는지, 그리고 그 물리적 조건이 다시금 그들의 일상에 어떠한 영향을 주었는지 글을 쓰는 동안 더욱 뚜렷이 알게 되었다. 하지만 이 책을 읽는 독자들이 추출해낼 수 있는 개념은 저마다 다를 수 있다. 독자들의 삶의 배경과 책을 읽는 목적이 모두 다를 것이기 때문이다. 다만 내가 적용한 '스케일'이란 도구가 독자들에게도 유용하기를 바라본다.

1

사람과 사람

휘게, "내가 일하며 돈을 버는 이유"

덴마크어 중 가장 유명한 단어

높고 짙은 파란 하늘, 새벽 네다섯 시부터 밤 열한 시까지 낮이 지속되는 코펜하겐의 여름은 매우 쾌청하다. 세상에 이런 쾌적한 곳이 또 있을까 할 정도다. 강렬한 햇볕 아래 있으면 뜨거운 열기를 느낄 수 있고 그늘에 있으면 시원함을 느낀다. 습도가 높지 않아, 여름이지만 끈적임 없는 상쾌함을 느끼기에 부족함이 없다. 그래서 여름철 코펜하겐 곳곳은 도심의 카페, 공원, 항구 할 것 없이 밤늦게까지 사람들로 북적인다. 여름이 끝나면 바로 찾아올 육칠 개월간의 길고 긴 겨울의 터널을 또 다시 참아내야 한다는 생각에 겨울철에는 생각지도 못할 일광욕을 할 수 있을 만큼 실컷 하자는 의도로 말이다.

코펜하겐은 북위 55도에 있다. 서울이 북위 37도인 것을 고려하면 상당히 북쪽에 위치하고 있는 것이다. 사람들은 보통 덴마크 하면 매서운 겨울 날씨를 예상하지만, 우리나라의 매서운 겨울 날씨와 비교하면 그렇게 추운 편이라고 할 수는 없다. 코펜하겐의 겨울 평균 기온이 영상 1~2도이니 오히려 우리나라보다 기온이 높은 편이라고 할 수 있는데, 이는 대서양을 가로질러 북유럽을 향해 북동쪽으로 밀려오는 카리브해의 난류가 덴마크의 겨울 기온을 높여주기 때문이다. 하지만 겨울철 기온이 그리 낮지 않다고 해서 겨울이 반드시 괜찮은 것은 아니다. 코펜하겐의 겨울은 아주 성가시다.

코펜하겐의 겨울은 기온이 그리 낮지 않지만 습도가 높아 추운 날은 뼛속을 파고드는 추위를 경험할 수 있다. 북유럽 국가라는 사실이 무색할 정도로 코펜하겐에서 눈을 보기는 쉽지 않다. 눈이 오더라도 금방 녹아버리기 십상이다. 무엇보다 가장 큰 문제는 한번 시작한 겨울이 언제 끝날지 기약이 없다는 것이다.

코펜하겐의 겨울날 일조 시간은 짧은 경우 일곱 시간이 채 되지 않는다. 오후 4시가 되기 전부터 날이 어두워지기 시작해 그다음 날 아침 9시까지 해가 뜨지 않는다. 그나마 일조 시간마저도 흐린 날씨 탓에 햇빛 구경 못해보기 일쑤다. 그렇다고 겨울 같은 겨울이 있지도 않다. 전 국토에 산지가 없어서 겨울에 스키 등의 동계 스포츠를 즐기는 호사는 꿈도 꾸지 못한다. 보통 눈과 비가 섞여 오거나 눈 내린 후 날씨가 금방 풀리면 눈이 녹아 길이 질퍽거리고 금세 다시 얼어 빙판길이 생기기를 반복하는 덴마크의 겨울은 여간 성가신 게 아니다. 이런 날씨의 영향으로 우울증을 토로하는 사람들이 부지기수다.

여름과 겨울의 기후 차이로 더더욱 우울하게 느껴지는 기나긴 겨울을 덴마크식으로 보내는 방식으로서, 덴마크 사회에 뿌리 깊게 자리한 문화가 있다. 덴마크어로 휘게hygge라고 일컫는 것이다. 휘게는 어원학적으로 고대 노르드어에서 파생되었고, 18세기 말 덴마크어가 노르웨이어에서 차용했다고 전해진다. '휘게'와 같은 말뜻을 가진 단어는 영어건 한국어이건 찾기 어렵지만, 굳이 번역하자면 영어의 'coziness' 즉 '편안함' 정도이다. 미디어를 통해 한 번쯤은 들어봤을 만한 말이다. 아마도 600만 명이 채 되지 않는 덴마크인이 사용하는 덴마크어 중 세계적으로 가장 널리 알려진 말일 수도 있겠다. 휘게는 그저 편안함 정도로 단순화해 설명하기에는 중요하고 훨씬 더 복합적인 의미를 지니고 있다. 덴마크적 일상을 꿰뚫는 말이기 때문이다.

지구 온난화를 겪는 세계의 여타 도시들과 비교하면 날씨가 좋을 때 코펜하겐의 여름은 더할 나위 없이 완벽하다. 일광욕을 즐길 수 있을 정도로 햇볕이 쨍쨍하지만, 몇 발만 움직여 그늘로 숨으면 서늘한 기운이 느껴진다. 시내 하버에서 수영도 즐길 수 있으며, 자전거로 쉽게 닿을 수 있는 거리에 해수욕장도 있다. 다만 날씨가 좋다면 말이다.

삶에 뿌리내린 특별한 감성

휘게라는 말을 이해하기 위해 머릿속에서 한 장의 그림을 떠올려보자. 가족과 함께하는 한가로운 어느 저녁 시간에 친한 친구커플 한 쌍을 초대해 함께 거실 소파에 둘러앉아 커피를 마시며 도란도란 이야기를 하고 있다. 그 옆에 놓여 있는 식탁에는 술과 음식이 잘 차려져 있다. 이때 중요한 것은 조명인데, 너무 밝은 전등 대신 살짝 어두운 조명이 필요하고 나머지는 은은한 촛불로 대신한다. 그 옆에 훈훈한 벽난로가 있다면 완벽하겠다. 이 그림이 바로 '휘게'에 해당한다. 휘게에 대해 떠올린 그림은 어쩌면 어느 민족 어느 국가에서나 흔히 있을 수 있는 장면일지도 모른다. 그럼에도 불구하고 휘게는 덴마크 사람들이 가장 소중히 여기는 가족중심적 사고의 근간을 지탱하는 가장 기본적 전통이자, 그들이 가장 중시하는 가치이다. 휘게는 덴마크적 일상 저 아래 깊은 곳까지 스며들어 있다.

휘게는 어느 공간의 분위기를 나타내는 말이기도 하지만 동시에 개인과 개인 간의 관계를 나타내는 말이기도 하다. 문화인류학자 스티븐 보리시Steven M. Borish는 그의 책 『살아 있는 자들의 땅』*The Land of the Living*에서 덴마크의 휘게를 아래와 같이 묘사한다.

휘게는 웅장한 형태의 존재가 아니다. 휘게는 흠잡을 데

없이 화려하고 장엄한 대성당 안의 아치형 돔 아래서는 결코 찾을 수 없을 것이다. 사람들은 어디에서나 휘게를 추구하지만, 반대로 휘게는 의외로 굉장히 수수한 모습으로 남아 있다. 휘게는 사람들 사이의 잡담과 소소한 행복 사이에서 더 잘 자라나는 존재이다. 거만함, 오만함 그리고 겉치레는 휘게라는 존재를 겁주어 그들이 앉아 있는 테이블 근처로 오지 못하게 만들 것이다.

휘게를 제대로 누리기 위해서는 자리에 함께한 구성원과의 관계 역시 편안해야 한다. 여기서 떠오르는 질문이 있다. '지인끼리 모여 좋은 시간을 보내는 것은 세계 어느 나라에서나 긍정적으로 여겨지는 가치인데, 덴마크의 휘게는 무엇이 다른가? 그저 그것을 표현하는 말이 있다는 이유로 더 특별한가?'

스티븐 보리시는 덴마크적 휘게가 다른 문화권의 그것에 비해 어떻게 조금 더 특별한지에 대해 세 가지로 기술한다. 첫째, 휘게는 그 자리에 참석한 사람들의 자발적이고 긍정적 참여로 이루어진다. 둘째, 대화의 흐름에 모든 참여자들이 최대한 동등하게 참여토록 하며, 그렇지 못할 경우 참여를 직간접적으로 독려한다. 셋째, 참석한 사람들이 하나도 소외받지 않고 모두 즐거운 시간을 보낸다는 공통의 목표는 덴마크인 특유의 재치 있는 언변과 짓궂은 농담을 설새없이 구사하는 사회적 기술을 통해 가능해진다.

휘게는 사람과 사람이 만나 어울리며 좋은 시간을 함께 보내는 모습을 나타내는 말이다. 여름철에는 친구들과 함께 공원에서 바비큐 파티를 하며 도시 어디에서든 휘게를 즐긴다. 겨울 기간 짧아진 해와 궂은 날씨 때문에 옥외활동이 더 이상 여의치 않을 때는 특별한 일정이 없는 이상 퇴근 후 대부분의 시간을 가족들과 함께 집에서 보낸다. 비싼 물가 탓에 외식을 자주 하기도 만만치 않기 때문에 친지들이나 친구들을 만나려면 집으로 초대해 함께 휘글릿hyggeligt(hygge의 형용사)한 시간을 함께 보내는 경우가 대부분이다.

따라서 '휘게'라는 문화는 덴마크 디자인과 주거 문화의 핵심적 요소로 작용한다. 덴마크인들에게 휘게를 누릴 수 있는 공간을 꾸미는 것은 그만큼 특별한 의미를 지니기 때문이다. 가구와 조명은 가족이나 친구들과 가까이에서 편안히 휘게를 누릴 수 있는 분위기를 조성하는 데 중요한 역할을 한다. 은은한 조명은 편안한 분위기를 만드는 데 효과적이다. 소파, 의자, 테이블 등의 가구는 사람 간 거리를 더욱 긴밀히 만들거나 편안한 자세에서 이야기를 좀 더 편하게 이끌어내는 등 여러 가지 방식으로 대화의 방식에 영향을 미친다. 조명과 가구는 사람들이 관계를 맺는 과정에서 단순한 배경으로서의 의미를 넘어 훨씬 큰 역할을 하는 것이다.

'휘게'에서 비롯된 덴마크의 주거 문화는 중산층이 가구나 디자인에 더 많은 관심을 갖는 것으로 이어졌다. 그리고 이는 당시 덴마크 건축가를 비롯한 디자이너들의 가구 디자인 대중화에 대한 노력과 맞물려 데니시 모던이라는 특유의 흐름을 형성했고, 지금까지도 덴마크 주거 문화의 중요한 일부로 남아 있다. 그렇기 때문에 덴마크 가구나 홈웨어 디자인이 1950년대 이후 꾸준히 주요한 위치를 차지할 수 있었던 이유로 휘게 문화를 빼놓을 수 없다. 휘게 감성은 오로지 가구나 제품 디자인의 영역에만 국한되지 않는다. 휘게는 삶의 질이라는 개념으로 치환되어 덴마크의 건축과 도시 공간에까지 깊게 뿌리내린 덴마크만의 특별한 감성이다. 휘게는 현재까지도 덴마크의 디자인, 건축과 도시계획에서 귀중한 가치로 인식되며 그 결정 과정에서도 큰 영향을 미친다.

코펜하겐에 있은 지 오래되지 않았을 때 처음 알게 된 '휘게'라는 말이 처음에는 선뜻 이해되지 않아 덴마크인 친구에게 휘게가 정확히 무엇을 뜻하는지 물어본 적이 있다. 그에게는 너무나 일상적인 말이었기에 어떻게 설명해야 할지 잠시 동안 난감해했다. 하지만 곧 덴마크 특유의 시니컬한 농담을 섞어 대답했다.

"휘게? 휘게야말로 내가 일하며 돈을 버는 이유지!"

1:10 scale

어둠을 표현하는 방식

공간의 분위기를 만드는 조명, PH램프

사람들에게 스칸디나비안 스타일의 공간, 혹은 덴마크 스타일의 공간이 무어냐고 물어본다면 어떠한 대답을 들을 수 있을까? 아마도 대부분의 사람들은 원목 바닥에 별다른 장식 없는 백색의 벽, 그 위 적절한 위치에 걸려 있는 페인팅, 그리고 정갈하고 군더더기 없는 공간 구성에 편히 쉴 수 있는 의자와 테이블 정도를 떠올릴 것이다. 그리고 이와 같은 정제된 공간 요소 모두를 아우르는 역할을 하는 빼놓을 수 없는 요소가 있는데, 바로 공간의 분위기와 명암을 만드는 조명이다.

특히 해가 네 시 이전에 저무는 겨울에 조명은 집 안의 분위기를 결정하는 핵심적 역할을 한다. 편안한 분위기를 만들기 위해서는 너무 밝은 조명은 피하고, 조명 불빛이 눈에 직접 맞닿는 직접 간섭을 받지 않도록 해야 한다. 집 안은 살짝 어둡지만, 천장에 줄로 매달아 놓는 펜던트형 조명이나 스탠드형 조명을 설치하여 필요한 곳에만 적절한 밝기를 만들어내는 것이 중요하다.

식탁 위에 매다는 펜던트형 조명을 좀 더 살펴보자. 식탁은 가족이나 친구들이 모여 '휘게'를 즐기는 장소다. 식탁은 주로 식사를 할 때 사용하겠지만, 친구들을 초대해 늦은 밤까지 이야기를 하기도 하고 아이들과 함께 그림을 그리거나 카드게임을 할 때 사용할 수도 있다. 때로는 노트북을 올려두고 업무를 보거나, 글을 쓰는 등 식탁은 집 안에서 가장 다양한 행위가 벌어지는 곳이다. 이곳에서 조명은 다이닝 공간의 전체 분위기를 좌우하기에 집주인은 가장 신경 쓰며 아끼는 조명을 사용할 가능성이 크다.

편안한 분위기를 조성하는 조명의 조건은 무엇일까? 우선, 너무 밝거나 차가운 톤의 조명을 쓰지 않아야 한다. 또 빛을 간접으로 발산시켜, 빛이 사람 눈에 직접 닿지 않도록 은은히 퍼지도록 해야 한다. 조명 갓의 프레임이 램프의 빛을 왜곡시키거나, 빛의 적절한 분산을 고려치 않아 밝은 영역과 어두운 영역 사이에 뚜렷한 경계가 생긴다거나, 심지어 전구가 부분적으로 노출되어 눈부심을 겪게 하는 디자인은 낙제점을 받을 것이다. 그리고 조명에서 뿜어져 나오는 빛은 신문이나 책을 읽을 수 있을 정도의 넉넉한 광량을 지녀야 하나, 빛이 너무 세면 조명 아래서 글을 쓰거나 그림을 그릴 때 손 밑에 생기는 그림자가 진해 글자를 가릴 수도 있다. 또 친구나 가족의 얼굴에 그림자가 진하게 드리워져 있으면 인상이 다르게 느껴질 수도 있을 것이다. 그렇다고 그림자가 생기지 않을 정도로 빛을 분산시키면 거리감을 느끼는 데 불편함을 느끼게 될 수도 있다.

쉽지 않은 문제다. 이와 같은 문제에 대한 심도 있는 연구 과정을 거쳐 탄생한 덴마크 조명의 상징이자 디자인의 정수로 손꼽히는 제품이 있는데, 바로 PH램프 시리즈다. 그중 PH5는 가정집이나 카페 등에서 쉽게 볼 수 있는 모델이다. PH는 이 조명을 디자인한 폴 헤닝센Poul Henningsen(1894~1967)의 이니셜이다. 덴마크인에게 PH라 하면 산성과 알칼리성의 정도를 나타내는 수치보다는 디자이너 폴 헤닝센을 떠올리게 한다. PH5에서 숫자 5는 램

폴 헤닝센과 그가 디자인한 조명. © Louis Poulsen

프를 구성하는 연속된 원판 중 가장 큰 원판의 지름을 뜻한다. 숫자 5는 원판 지름이 50센티미터라는 뜻이다. PH3 모델은 원판 지름이 30센티미터이겠다.

램프의 재료는 주로 알루미늄이지만 때로는 불투명한 유리를 쓰기도 한다. 색깔도 가지각색이다. 원판은 평평하지 않고 아래쪽으로 약간 곡선을 그리며 접시를 뒤집어놓은 듯한 모습을 하고 있다. 다른 크기의 원판들을 서로 겹쳐 배열하는 방식에 따라 PH 램프의 형태와 빛을 발산하는 방식이 구현된다. 램프 중앙에 있는 전구에서 발산되는 빛은 아래쪽으로 굽은 원판의 면에 부딪치며 부드러운 빛으로 바뀌는 과정을 거치게 되어 사람들이 편안하게 느끼는 은은한 빛이 된다. 램프 상부의 넓은 원판에 굴절되는

PH5의 단면에서 볼 수 있듯이, 램프 중앙에 자리 잡은 전구에서 뿜어져 나오는 빛은 굴곡진 램프 표면에 반사되어 은은하게 새어나온다. Wikimedia Commons

빛은 확장되어 방 전체를 은은히 밝혀주고, 램프 가장 하부에 배치된 원통 조각을 통한 빛은 램프 바로 밑에 책을 읽기 충분한 광량을 유지한다. 결과적으로 조명 바로 아래는 밝은 빛과 방 전체를 채우는 은은한 빛 사이에 뚜렷한 경계가 생기지 않으면서 부드럽게 연결될 수 있다.

빛을 연구하다

PH램프가 빛을 다루는 방식에서 비롯되는 조형성은 단순한 아이디어가 아닌, 폴 헤닝센이 빛을 꾸준히 연구했기 때문에 가능한 일이었다. 폴 헤닝센은 어렸을 때 예술가를 꿈꿨으나 건축학과에 진학했다. 두어 학기 만에 학교를 중퇴하고 작은 규모의 몇몇 주택을 설계하거나, 건축 논평을 집필하면서 생계를 유지했다. 그러던 그는 서서히 조명 디자인에 관심을 가지게 된다. 폴 헤닝센이 어렸

덴마크디자인뮤지엄 앞 맨홀 뚜껑에 새겨진 PH램프의 모습. PH램프는 그 형태만으로 데니시 모던을 대표한다. 공간과 사람, 사람과 사람 간 관계에 대한 디자이너의 깊은 이해에서 PH램프의 미적 가치가 비롯했기 때문이다. PH램프만큼 하나의 디자인 제품이 한 나라의 문화와 삶을 대변하는 사례가 또 있을까?

을 때만 해도 가정에서 전깃불을 사용하는 일은 흔치 않았으며, 그가 스무 살이 넘어서야 전기 조명을 집에서 쓰기 시작했다. 당시만 해도 조명 디자인은 등유 램프에 천으로 만든 갓을 덮어씌워 사용하는 디자인이 대부분이었다. 폴 헤닝센은 조명 갓의 프레임이 빛을 왜곡시키거나, 적절치 않은 빛의 분산으로 밝은 영역과 어두운 영역 사이에 경계가 생기는 문제점을 해결할, 좀 더 공학적이고 섬세한 조명 디자인의 필요성을 인식한다.

폴 헤닝센은 신중한 사람이었다. 그는 조명을 디자인하기 위해 다년간 조명의 중요성에 대한 문제 인식, 리서치, 그리고 기존

PH5 램프.
© Louis Poulsen

조명의 문제를 해결하기 위한 심도 있는 고민을 하고 나서야 첫 스케치를 했다. 그의 고민이 빛을 발한 것인지, 1925년 파리 국제 박람회에 전시하기 위한 조명 디자인 공모전에서 그의 작품이 여섯 개의 상을 단숨에 휩쓸었다. 이 작품들이 전시되면서 조명 디자이너로서의 폴 헤닝센의 커리어는 막을 열었다.

1926년 폴 헤닝센은 조명 생산업체 루이스 폴센Louis Poulsen과의 협업으로 코펜하겐 프레데릭스베르Frederiksberg 포럼 빌딩의 조명들을 수주하는데, 이때 만들어진 조명 디자인이 PH램프의 원형이 되었다. 포럼에 배치된 램프는 지름 85센티미터의 큰 사이즈였지만, 이후 가정집에서 쓰기 적절한 PH5 사이즈로 제작해 일반인들에게 판매를 시작했고, 첫해에만 12,000개가 팔릴 정도로 덴마크 디자인 역사에 길이 남을 엄청난 성공을 거두었다. 이때부터 폴 헤닝센과 루이스 폴센의 협업이 지속되었고, 폴 헤닝센은 PH램프 시리즈 이외에도 대형 펜던트 램프인 PH아티촉PH Artichoke(1957), PH스노우볼PH Snowball(1962)과 같은 역작을 남겼다.

PH램프 시리즈는 단순히 방을 밝히는 기능에만 충실하지 않았다. 반대로 어둠을 표현하고자 했다. 이를 위해 폴 헤닝센이 PH램프 시리즈에서 일관적으로 사용한 곡선은 단순히 램프에 조형성을 부여하기 위한 것이 아니었다. 그가 사용한 일련의 곡선들은 빛의 분산이라는 공학적 당위성을 지니고 있다. 그리고 그 공학적 당위성이 PH램프에 근대적 조형성을 부여하고 100년이 된 지금까지도 미학적 가치를 인정받을 수 있게 했다. 무엇보다 가

PH5램프. PH램프의 종류는 수도 없이 많다. 하나의 디자인이지만, 램프 원판의 서로 다른 크기, 다양한 컬러, 다양한 재료, 펜던트형·벽걸이형·스탠드형 등 형태의 경우의 수를 모두 조합해 계산해보면 거의 무한대의 결과물이 나올 수 있다. 시판되고 있는 모델의 종류가 너무 많아 선택 장애를 겪게 될 수도 있으니 주의하자. ⓒ Louis Poulsen

장 중요한 것은 PH램프를 만들기 위한 폴 헤닝센의 고민이 공간과 사람, 사람과 사람 사이의 관계에 대한 깊은 이해와 빛이 공간을 채워나가는 방식에 대한 끊임없는 사유에서 비롯되었다는 점이다.

숟가락부터 건물까지

데니시 모던

덴마크 사람들의 집과 가구에 대한 각별한 관심이 덴마크의 디자인을 발전시킨 촉매제로 작용했는지, 그 반대로 디자인이 덴마크 사람들에게 집과 가구에 대한 더 큰 애착을 가져오게 했는지는 닭이 먼저냐 달걀이 먼저냐 같은 질문일지도 모른다. 다만 확실한 것은 덴마크 디자인이 세계적으로 주목을 받은 것은 제2차 세계대전 이후 전 세계에 이름을 알린 소위 '데니시 모던'이라는 빈티지 스타일의 목재 가구가 국제 시장에서 큰 인기를 얻으면서였고, 흔히 북유럽 스타일이라고 불리는 내부 공간 역시 이때 자리를 잡았다는 것이다.

덴마크에서 섬세한 목조 가옥과 선박을 만들어오던 목공예 기술은 장인들을 통해 오래전부터 이어져 내려왔다. 목공예 장인들은 16세기부터 코펜하겐 목공예 길드Københavns Snedkerlaug를 만들어 조직적으로 활동해왔다. 특히 1927년부터 1966년까지 이어진 코펜하겐 목공예 길드 박람회는 젊은 디자이너들이 자신의 작업을 세상에 선보일 수 있는 기회였고, 덴마크 디자인의 황금기를 뒷받침하는 중추적 역할을 했다. 섬세한 목공예 기술은 현대적 스타일과 조합되어 그 당시에 카레 클린트Kaare Klint, 핀 율Finn Juhl, 한스 웨그너Hans Wegner, 아르네 야콥센Arne Jacobsen, 요른 웃손Jørn Utzon 같은 거장들을 거쳐 '데니시 모던'이라는 흐름을 탄생시켰다.

데니시 모던 의자들. 덴마크디자인뮤지엄.

다른 유럽 국가나 미국에서 플라스틱이나 산업재료를 이용한 가구 생산이 보편적이던 1950년대, 덴마크의 정교한 핸드메이드 목재 가구는 공장에서 대량생산되는 가구들에 염증을 느끼기 시작한 중산층에게 강한 인상을 주며 세계적으로 큰 상업적 성공을 거둔다. 1950~1960년대는 덴마크 가구의 황금기로, 이후 '데니시 모던'으로 불리며 현재까지 베스트셀러로 전 세계에서 사랑받는 덴마크 가구가 바로 이 시대에 탄생했다.

덴마크 가구 디자인의 고전이자 베스트셀러인 아르네 야콥센의 앤트 체어와 스완 체어, 폴 헤닝센의 PH램프, 요른 웃손의 오로라 체어와 콘서트 램프, 카레 클린트의 사파리 체어, 핀 율의 치프테인 체어와 펠리컨 체어, 베르너 팬톤Verner Panton의 팬톤 체어나 콘 체어 등이 이때 줄지어 등장한다. 이 디자이너들에게 흥미로운 공통점을 찾아볼 수 있는데, 모두 건축가 출신이라는 사실이다.

1950~1960년대 미적 혹은 상업적 성공을 거둔 데니시 모던 가구 산업의 거장 디자이너들 중 가구 제작에만 집중한 한스 웨그너를 제외하면 대부분은 건축가 출신이다. 예를 들어 카레 클린트는 그룬트비 교회Grundtvigs Kirke를 아버지로부터 이어받아 완성했고, 베르너 팬톤은 아르네 야콥센 밑에서 건축 실무를 했다. 핀 율은 당시 덴마크에서 가장 왕성하게 활동하던 건축가 카이 피스커Kay Fisker 아래서 수학했다. 카레 클린트, 베르너 팬톤, 핀 율 등이 건축보다는 가구 디자인에 좀 더 열중했다면, 아르네 야콥센, 요른 웃손, 빌헬름 볼러트Vilhelm Wohlert 등은 건축과 가구 디자인의 영역을 자유롭게 넘나들었다. 전후戰後 덴마크의 근대 건축가와 산업디자이너 사이의 영역은 모호했으며, 당시 건축가들은 건물뿐 아니라 가구를 비롯해 그 안에 필요한 모든 것들을 디자인하고 조율하는 종합 디자이너로 인식되는 것이 일반적이었다.

건축과 디자인 그리고 예술

종합 디자이너로서 건축가의 넓은 작업 영역은 오로지 덴마크만의 이야기였을까? 사실 건축가가 건물을 짓고 그 안에 자기가 디자인한 가구를 배치하여 자신의 건축 개념을 완성하려는 시도는 19, 20세기 유럽 모더니즘의 흐름 속에서 일관되게 발견된다. 데니시 모던을 설명하기 위해서는 1900년 전후의 유럽 상황을 설명해야 하는데, 독자에 따라서는 이 내용을 개론서에서나 봄직한 지루한 내용이라 느낄 수도 있으리라 생각하지만, 이 책에서 예술 및 건축사에 대한 이야기는 여기가 유일하니 크게 걱정하지 않아도 된다.

독일 음악가 빌헬름 리하르트 바그너Wilhelm Richard Wagner가 1851년 그의 저서 『오페라와 드라마』에서 주장한 총체예술론Gesamtkunstwerk에서 종합적 건축 개념의 시발점을 찾을 수 있다. 총체예술은 조형, 예술, 시, 음악 등 각각의 예술이 고립된 채로는 완전한 예술을 구현할 수 없고, 이것들이 결합했을 때 비로소 온전한 예술이 성립한다는 개념이다. 총체예술 개념은 건축가의 영역을 조경, 가구, 생활소품에 이르기까지 확장시키는 데 영향을 미쳤다.

한편 19세기 후반 영국에서 전개된 예술공예운동Arts and Crafts Movement 역시 건축가의 활동 영역을 넓히는 데 공헌했다. 미술평론가이자 사상가인 존 러스킨John Ruskin과 건축가이자 화가 및 공예가인 윌리엄 모리스William Morris는 산업혁명 이후 산업화로 대량생산이 이루어지며 발생한 제품 질의 저하와 미학의 전반적 쇠퇴를 경계하며 예술공예운동을 이끌었다. 대량생산 체제 반대와 전통적 수공예품의 대중화를 선언한 예술공예운동은 다양한 분야에 걸쳐 전개되며 건축, 회화, 유리공예, 벽화, 가구 디자인 등에 영향을 주었다. 선축가들은 다양한 분야를 종합해 담아낼 수 있는 총체적 건축에 관심을 갖게 되었고, 건축가의 활동 영역은 확장되었다.

19세기에 전개된 총체예술론과 예술공예운동은 아르누보 양식으로 계승되어 전 유럽에서 각기 다른 모습으로 진화했다. 당시 대표 건축가들인 프랑스 파리의 엑토르 기마르Hector Guimard, 스페인 바르셀로나의 안토니오 가우디Antonio Gaudi, 스코틀랜드 글래스고의 찰스 레니 매킨토시Charles Rennie Mackintosh, 오스트리아 비엔나의 요제프 호프만Joseph Hoffmann 등은 건축의 내외부와 가구 영역에까지 건축가의 역량을 종합적으로 발휘하고자 했다.

하지만 총체예술론, 예술공예운동, 아르누보의 종합적 예술·디자인 개념은 근대 건축의 흐름 속에서 한계가 분명히 있었다. 당시의 흐름에 동승한 건축가들이 디자인한 가구는 그들이 설계한 특정 건물의 실내 환경 속에서 조화를 이루도록 한 경우가 대부분이었다. 그들이 제작한 가구들은 해당 건축물 외에는 사용되지 않고 특정 건축과 계층만을 위해 수공으로 제작되었기 때문에, 근대 건축이 추구하는 대중성이나 보편성과는 어느 정도 거리가 멀었다. 현실적으로 대량생산 및 일반성과 거리가 있었던

예술을 사랑하는 사람을 위한 집House for an Art Lover(1901). 스코틀랜드 건축가 찰스 레니 매킨토시는 건축, 인테리어, 가구 및 장식 예술의 통합을 추구했다. 예술가였던 아내와 함께 디자인한 '예술을 사랑하는 사람을 위한 집'은 그의 사후 60년이 흘러서야 그를 기리기 위한 목적으로 현실화되었다. Wikimedia Commons

이 흐름은 모더니즘적 맥락에서 볼 때 태생적 한계를 지니고 있었던 것이다.

그럼에도 이 초기 근대 예술운동은 데 스틸De Stijl, 독일공작연맹Deutscher Werkbund, 바우하우스Bauhaus 같은 본격적인 근대 예술운동에 결정적 영향을 미친다. 특히 바우하우스는 건축과 디자인 개념을 하나로 통합한 근대 예술 개념을 선도했다. 바우하

바실리 체어Wassily Chair(1925). 바우하우스에서 활동하던 헝가리 건축가 마르셀 브로이어Marcel Breuer가 디자인한 바실리 체어는 20세기 초 모더니즘을 대표하는 기념비적 작품이다. 마르셀 브로이어는 자전거 철제 프레임에서 영감을 받아 철제 튜브를 사용하여 의자 구조를 만들고, 최소한의 가죽을 이용하여 팔걸이, 등받이, 좌판을 만들었다. 근대 건축가들이 추구하던 대량생산, 기술과 예술의 결합, 비장식성 등의 주요 원칙을 하나의 의자가 모두 담고 있다.
Wikimedia Commons

우스의 초대 학장 발터 그로피우스Walter Gropius(1883~1969)는 건축을 조형 활동의 최종 목표로 간주했으며, 건축을 통해 모든 예술의 관계를 전체적으로 파악해야 한다고 강조했다. 그 이상을 실현하기 위해 건축을 넘어 예술 전 분야를 아우를 수 있는 인재를 육성해야 한다고 생각해 회화, 조각, 디자인, 건축 교육 과정을 하나로 묶어 관리했다.

이러한 모더니즘의 흐름 속에서 건축, 예술, 디자인 전체를 이해하고 총체적으로 사고할 수 있는 종합적 개념이 덴마크에서도 나타난다. 대략 1920년대에 시작되어 1950~1960년대에 정점이었던 '데니시 모던'은 건축과 예술 그리고 디자인을 종합적으로 사유하고자 했던 바우하우스를 필두로 한 유럽 모더니즘 흐름의 연장선상에 있지만, 디자인의 산업화에 대한 방식에서 여타 유럽 국가의 모더니즘과 달랐다.

데니시 모던이 택한 산업화 방식은 대량생산을 위해 바우하우스에서 사용하던 철재나 당시 유행한 플라스틱 같은 산업재료를 이용하는 방식이 아니었다. 그들이 주로 사용한 것은 나무였는데, 가구의 주재료로 목재를 사용함으로써 가구의 편안함과 따뜻함을 유지하고자 했다. 이 편안함과 따뜻함은 당시 차가운 산업디자인 제품에 염증을 느끼고 있던 세계 디자인계가 덴마크 디자인을 주목한 이유였다.

사실 덴마크 디자이너들이 목재 사용에 집중한 것은 덴마크의 목공예 기술과 그 결과물에 확신이 있어서만은 아닐 것이다. 바우하우스가 왕성히 활동했던 20세기 초 독일은 제1차 세계대전을 경험하고 산업화가 어느 정도 진행되어 있던 상황이었기 때문에 금속 세공기술과 대량생산 시스템이 갖추어져 있어 새로운 건축 및 산업디자인을 품어 안을 수 있는 여력이 있었다. 하지만

현재도 대부분의 데니시 모던 가구는 예전 방식인 수공업으로 만들어진다.
ⓒ PP Møbler

당시 덴마크는 주요 산업이 여전히 농업이었고, 금속제품을 대량 생산할 수 있는 여건이 충분히 마련되지 않았다.

덴마크에서 디자인의 산업화 방식은 다르게 나타난다. 산업재료 대신 목재를 사용하지만 디자인을 최대한 단순화해 제품의 질을 일정하게 유지하고 생산성을 높이고자 했다. 그 바탕에는 덴마크 내에서 전통적으로 축적되어온 수준 높은 목공예 기술과 장인정신을 중시하는 분위기가 사회 전반에 뿌리 깊게 자리 잡고 있었다. 이런 사회 분위기는 디자이너와 목공예 장인 간에 좀 더 밀접한 관계를 맺게 했으며 원활한 소통을 가능하게 했다. 결국 이는 데니시 모던이 디자인과 생산성이라는 두 마리 토끼를 모두 잡을 수 있었던 중요한 요소로 작용했다.

모더니즘 예술운동은 보통 이전의 사고방식이나 기존 예술운동 흐름에 선을 그어 스스로를 분리하고 이전 예술과는 다른 입장을 표명함으로써 새 시대에 자기 정체성을 드러내는 방식으로 자리매김해왔다. 이와 달리 데니시 모던은 그 속에서 중도적인 포지셔닝을 취했다. 덴마크 내에서 모더니즘을 표방한 건축과 산업디자인은 한 세대를 거쳐 1950~1960년대 이르러 다수의 종합적 디자이너들과 수많은 데니시 모던의 아이콘을 탄생시켰다. 그들은 자신들의 디자인을 전통과 단절시키지 않고 오히려 전통을 산업화라는 모더니즘의 가치에 융합시킴으로써 거센 모더니즘의 조류로부터 '데니시 모던'이라는 흐름을 만들어냈다. 데니시 모던은 예술공예운동의 수공예 작업에서만 느낄 수 있는 따뜻함과 바우하우스의 새 시대가 필요로 하는 산업화라는 두 가지 가치를 끌어안았다. 그리고 이러한 점이 차가운 모더니즘에 염증을 느끼던 사람들로부터 커다란 호응을 이끌어냈다.

건축가보다는 가구 디자이너로 기억되는

데니시 모던을 대표하는 가구 디자이너를 꼽으라면 대답하기 힘들겠지만, 종합적 디자인으로서 데니시 모던을 가장 잘 드러내 보여주는 공간을 하나만 꼽으라면 나는 조금 고민하고 나서 '핀 율의 집'을 꼽을 것이다. 핀 율의 집은 한 명의 디자이너가 건축부터 가구까지 모두 디자인한, 완결성이 돋보이는 총체예술적 공간이다. 내가 이 공간을 '총체예술적'이라 불렀으니 독자들은 좀 더 으리으리한 무언가를 상상할 수도 있겠지만 오히려 그 반대다. 이 집은 실용성에 초점을 맞추어 간결하게 구성되었고, 여기에 외부 환경과 관계를 맺기 위한 공간 구성이 더해지고 그에 맞는 디테일이 적용되었을 뿐이다. 내부는 덴마크를 대표하는 가구와 산업디자인 제품들로 채워져 있다. 이 공간을 만들고 채운 사람은 20세기 초중반 데니시 모던의 흐름을 이끈 건축가이자 가구 디자이너, 그리고 이 집의 주인인 핀 율Finn Juhl(1913~1989)이다.

핀 율은 정식 건축 교육을 받고 덴마크 건축의 거장 빌헬름 라우리첸Vilhelm Lauritzen의 사무실에서 실무를 한 건축가이지만, 추후 뉴욕 유엔 본부의 신탁통치이사회 본회의장 실내 디자인을 하고, 그가 디자인한 가구들이 다수의 국제상을 수상하고 전시회도 개최하면서 건축가보다는 덴마크 디자인을 세계에 알린 가구 디자이너로서 더 많이 기억되고 있다. 그가 노년기에 접어들어 젊은 날을 회고한 인터뷰에서 그의 디자인 사고 과정을 살펴볼

유엔 본부는 1952년 뉴욕에 완공되었는데, 유엔의 취지에 맞게 세계적으로 내로라하는 건축가들의 참여로 완성되었다. 당시 마흔 살이었던 핀 율은 덴마크를 대표하여 유엔 본부 내 신탁통치이사회 본회의장Trusteeship Council Chamber 실내를 디자인했다. 여기서도 그의 총체예술론적 태도가 그대로 드러난다.
ⓒ House of Finn Juhl

수 있다.

내 기억으로는 빌헬름 라우리첸 사무실에서 실무를 익힐 때였다. 일을 마치고 퇴근하는 동안 자전거 위에서 상상으로 나만의 가구 디자인을 하곤 했다. 집에 도착하자마자 종이를 펼치고 그림을 그리고 색칠하기만 하면 되었다. 물론 그것은 대략적인 스케치였고, 무언가 감이 온다고 느껴졌을 때 본격적으로 드로잉을 하기 시작했다. 내가 가진 사고의 끈을 놓지 않고 유지하는 데 엄청난 육체적, 정신직 노력이 필요했다. '계속하는 게 맞는가?' 멈춰 생각하고, '그래 아직 맞아'라고 확인한 후 작업하기를 반복했다. 내가 당시 상상하고 스케치했던 많은 아이디어 중 현실화되지 않은 것들이 많다. 그것들의 디자인이 일관되지 않아서가 아니다. 오히려 너무 많이 생각하고 과도하게 고민하여 결국 디자인이 명확하지 않거나 너무 복잡해졌기 때문이다.

핀 율은 그의 가구들을 하나의 예술체로 간주해 대량생산보다는 완결성에 집중했다. 대량생산을 위해 산업재료를 사용하고 디자인을 생산 과정에 맞추기보다는 디자인에 적합한 그만의 수공예 생산 과정을 효율적으로 유지하려 했다. 핀 율의 작업에서 닐스 보데르Niels Vodder와의 협업은 그 무엇보다 중요했다. 둘은 코펜하겐 목공예 길드 박람회에서 만났는데, 당시에도 덴마크 최고의 목공 장인이었던 닐스 보데르는 젊은 핀 율의 잠재력을 한눈에 알아보고 스무 살 정도 어린 핀 율과 평생의 파트너십을 맺었다. 핀 율도 닐스 보데르를 일종의 멘토로 생각했다. 두 사람은 디자인 및 생산 과정을 분리하지 않고 디자이너와 목공 장인으로서 항상 서로의 눈높이를 맞추고 대화하며 생산 과정에 참여함으로써 달성하고자 하는 디자인의 디테일을 최대한도로 끌어올렸다. 핀 율의 상상력과 닐스 보데르의 현실화 작업은 최고의 합을 이루어 수많은 명작을 남겼다. 핀 율의 다수 디자인은 아직까지도 생산되고 있다.

둘의 협업은 생산 과정에서 혁신을 이끌어내기도 했다. 핀 율의 가구에 가장 자주 애용되는 재료는 티크teak 나무다. 재료의 수명이 길고 표면이 매끄럽기 때문이다. 그러나 핀 율은 1952년 이전에는 티크 나무를 사용할 수가 없었다. 나무에서 나오는 특유의 진액 때문에 목재 가공 기계의 톱날이 금방 상한다는 단점 때문이었다. 가구를 대량으로 생산하기에는 적합하지 않았던 것이다. 하지만 핀 율은 티크 나무를 사용하기 위한 방법을 계속해서 탐구했다. 그는 1952년 처음으로 알루미늄 부품을 깎는 목적으로 쓰이는 탄화 텅스텐 합금 톱날을 사용하여 티크 목재를 가공하기 시작했다. 결국 티크 목재를 이용하여 그가 바라던 가구

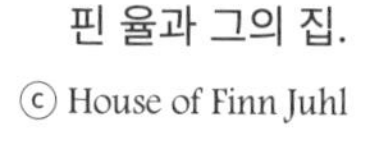

핀 율과 그의 집.
ⓒ House of Finn Juhl

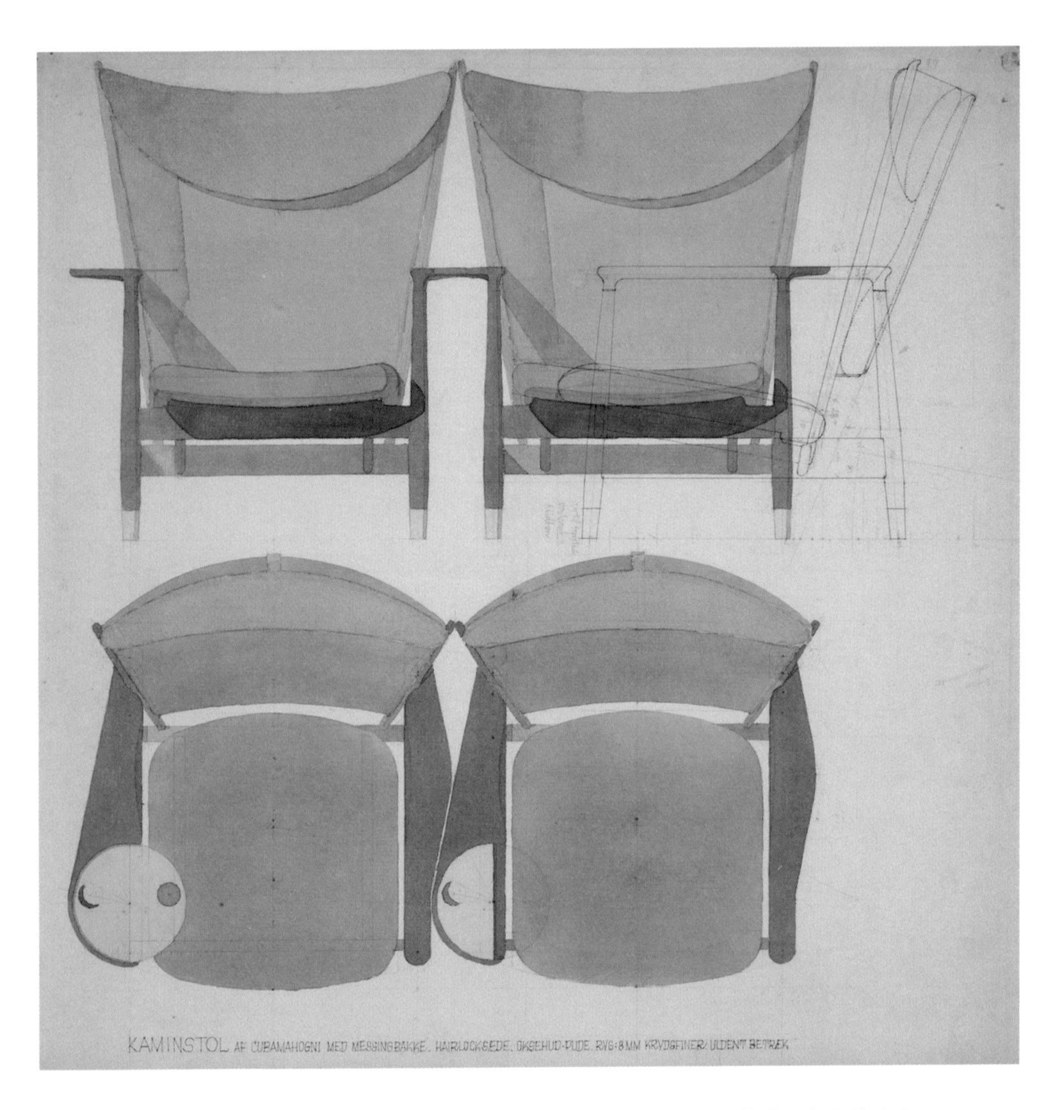

핀 율이 1948년 디자인한 위스키 체어Whiskey Chair는 그의 대표작 중 하나인 치프테인 체어와 비슷한 형상이지만, 좀 더 많은 색상과 텍스처를 활용한 다양한 모델이 있다. 가장 마음에 드는 것은 위스키 잔을 놓을 수 있는 원형의 브라스 받침대가 설치되어 있다는 점이다. 아마도 휘게를 누리기에 완벽한 디자인이 아닐까? ⓒ House of Finn Juhl

의 조형성과 품질을 동시에 얻을 수 있었다.

핀 율의 집

1942년 핀 율은 그의 나이 서른 살에 코펜하겐에서 북쪽으로 10여 킬로미터 떨어진 작은 마을 샬로텐룬드Charlottenlund에 자신의 주택을 설계한다. 그는 손수 디자인한 가구를 하나둘 채워넣으며 1989년 생을 마감할 때까지 그곳에서 지냈다. 이 집은 그의 아내에 의해 관리되다가 현재는 바로 옆에 위치한 오드룹고드 미술관이 맡아 관리하며 관람객에게 내부를 공개하고 있다.

핀 율의 집은 널찍한 정원 한구석에 조용히 자리하고 있다. 집은 완만한 경사의 박공지붕을 가진 단층에 외장은 하얀 회벽으로 소박하고 깔끔하게 처리되어 있어 그리 특별할 것도 없다. 하지만 집 내부로 들어서는 순간, 그가 건축 형태로부터가 아닌 건축 내부로부터의 건축적 사고를 전개하였음을 금세 알아차릴 수 있다. 집은 크게 두 개의 매스로 나뉘는데, 하나는 큰 거실과 작은 작업 공간으로 구성된 작업실 개념의 공간이고, 다른 하나는 식당과 주방 그리고 침실과 화장실 등으로 구성된 주거 개념의 공간이다. 이 둘은 약 70센티미터 정도 단 차이가 나는데, 네 개의 스텝으로 연결되어 있으며 작업 공간과 주거 공간을 나누는 역할을 한다. 두 개의 매스는 현관 역할을 하는 조그마한 응접실을 통

핀 율의 작업 공간과 주거 공간은 연결되어 있으나, 단 차이와 적절한 가구 배치로 불분명한 경계를 만들어낸다.
ⓒ House of Finn Juhl

해 시각적으로 서로 연결된다. 응접실은 정원을 향해 통창으로 열려 있는데, 핀 율은 정원을 향해 열린 이 좁은 공간을 '정원의 방'이라 부르며 중요시했다고 한다. 내부와 외부, 방과 가구, 가구와 가구, 가구와 사람 등의 관계를 항시 중요시한 핀 율인지라 이 사이 공간에 의미를 부여한 것이 명확히 보인다.

그는 직접 만든 가구들을 하나하나씩 집에 모아 두기 시작했다. 그리고 직접 제작하지는 않았지만 그 외에 식기류, 도기류 같은 생활용품에서 문고리까지 모두 디자인하는 열정을 보였다. 핀 율에게 그의 집은 하나의 총체예술을 향한 평생의 프로젝트였으며 살아 있는 전시관이자 실험실이었다. 일단 거실로 들어서면 그의 대표작들이 한곳에 모두 모여 있다. 핀 율의 라운지 의자 중 대표작인 치프테인 체어Chieftain Chair(1950)와 No.45 체어No.45

핀 율의 집 외관은 소박하다. 그리고 집 안의 공간은 그가 평생 만들어온 것들로 채워져 있다. 의자나 테이블부터 작게는 트레이나 포크, 나이프까지.

Chair(1945)가 거실 한쪽에 있고, 핀 율이 아내를 위해 디자인했다고 알려진 글러브 캐비닛Glove Cabinet(1961)이 책장의 한쪽 자리를 책들과 함께 수더분하게 차지하고 있다. 하나하나 따로 놓고 보면 예술작품으로 불릴 만큼 전 세계의 가구 수집가들이 보유하고 싶어하는 빛나는 가구들이다. 세밀한 디테일, 유려한 곡선, 그리고 그 완성도에 놀라지 않을 수 없는 명작들이다. 그런데 묘하게도 핀 율의 가구들은 이곳에서 그리 두드러져 보이지 않는다. 치프테인 체어는 벽난로 곁에서, No.45 체어는 거실 한쪽 테이블 곁에서 조용히 자리 잡고 있을 뿐이다. 이 가구들은 핀 율의 의도대로 공간과 균형을 이루며 자연스럽게 그 안에 스며들어 있다. 그저 본래 자리에서 맡은 역할을 조용히 수행할 따름이다.

핀 율의 집 거실을 채우고 있는 작품들의 모습에서 볼 수 있듯이, 그가 디자인한 가구들은 하나하나 예술작품이라 할 만큼 훌륭하지만, 그의 집에서는 크게 두드러져 보이지 않는다. 그저 있어야 할 곳에서 제 역할을 하고 있을 따름이다. ⓒ House of Finn Juhl

1:1,000 scale

길게 늘어선 건물들의 사잇길

로우하우스, 렝에, 레케후스

크지 않은 개인 정원을 앞에 두고 1~4층 높이의 개인주택들이 합벽을 이루어 길게 늘어선 주거 건축유형은 흔히 로우하우스row house 또는 타운하우스town house로 불리는데, 여기서는 로우하우스로 통칭해 쓰도록 하겠다. 로우하우스는 16세기 유럽에서 시작된 주거 유형이다. 주택들이 합벽을 공유하고 일렬로 배치되어 있기 때문에, 서로 분리된 개인주택에 비해 상대적으로 적절한 밀도의 개발이 가능하다. 또 합벽으로 되어 있고, 건설도 한꺼번에 할 수 있기 때문에 건축비도 절약할 수 있다. 이러한 장점들 때문에 로우하우스는 주로 도심 외곽지역 저층 고밀 주택단지에 많이 활용된다. 로우하우스는 오늘날 유럽뿐 아니라 전 세계에 널리 확산되어 있으며, 각 나라와 도시의 고유한 역사와 환경에 맞게 진화해왔다.

덴마크는 자국 토양 내에서 진화한 그들만의 로우하우스 유형이 있다. 덴마크에서 로우하우스 개념은 덴마크 농촌의 전통 주거 유형인 렝에længe가 주를 이루던 주거환경과 결합하여 독자적으로 발전했다. 데니시 렝에는 얇고 긴 선형의 단층 혹은 복층 형식의 건물로 된 전통 주거 유형이다. 데니시 렝에의 폭은 건물의 장변 사이를 연결하는 보 역할을 하는 목재 길이나 채광의 양에 의해 결정되긴 하지만, 일반적으로 8미터 정도를 기본으로 한다. 대신 장변으로는 마음대로 확장이 가능하다. 데니시 렝에는 건물 폭은 정해져 있지만, 건물 길이로 건물 규모가 결정되는 소박한 저층 장방형의 형태를 지니고 있다. 이 구조적 특징은 데니시 렝에 특유의 아담하고 안정적인 비례감을 만들어낸다. 덴마크의 로우하우스는 이 렝에의 비례감에 영향을 받아 다른 나라와는 구별되는 덴마크식으로 발전하였고, 이는 레케후스rækkehus라고 불린다. 굳이 번역하자면 '줄지어 있는 집' 정도다.

레케후스는 16세기경부터 주로 노동자계층을 대상으로 코펜하겐 외곽에 지어지기 시작했다. 20세기 후반 이후부터는 도심 공동주택보다 밀도가 상대적으로 낮은 레케후스가 개인 정원을 갖고 싶어하는 도시 중산층을 위한 대안적 주거로 인기를 얻었다.

레케후스는 영국이나 아일랜드의 로우하우스 유형인 조지안 하우스Georgian house처럼 대로변을 따라 형성되기보다 단지를 이루어 형성되는 특징이 있다. 레케후스 단지 계획은 대부분 덴마크 전통적 주거단지 형성의 방식을 따른다. 우선 햇빛을 오래 받을 수 있도록 건물을 가능한 한 남향으로 배치한다. 또 건물의 장변을 서로 마주하게 하고 빛을 충분히 받을 수 있는 범위 내에서 건물 사이 간격을 최소화시킨다. 따라서 대로변으로는 건물의 측면만이 드러나고 건물들 사이에 대로변과 분리된 좀 더 조용하고 안락한 옥외공간을 조성할 수 있다.

저층 건물들 사이의 옥외공간이 그리 넓지는 않더라도 건물이 높지 않고 남향으로 배치되었기 때문에 좀 더 오랫동안 햇빛을 담을 수 있다. 서로 인접한 레케후스는 바람을 가로막지 않고 그대로 흘려보내기 때문에 단지 내 건물 사이 옥외공간은 바람의

데니시 렝에. 덴마크 농촌 가옥의 한 유형인 데니시 렝에의 비례감은 16~17세기 코펜하겐의 주거 문제를 해결하기 위한 대규모 주택 개발에 적용되었으며, 그 비례감은 지금도 남아 있다.

베커후센Bakkehusene. 베커후센은 1921년 노동자들을 위한 사회주택으로 지어졌다. 170여 개의 정원이 딸린 개인주택이 벽을 맞대고 나란히 늘어서 있다. 도시 노동자들에게 전원적 삶을 제공하고자 하는 취지에서 개발되었으며, 그 낮은 수직벽과 묵직한 지붕 사이의 비례감은 데니시 렝에와 닮았다.

영향을 상대적으로 적게 받아서 레케후스 사이의 외부 공간은 좀 더 안락한 공간이 될 가능성이 크다. 레케후스는 이런 단지 계획의 방식에 따라 저층 고밀도의 주거 형태로 코펜하겐 전역에 널리 퍼져 있다.

도시의 역사와 시간을 간직한 뉘보더

크리스티안 4세(1577~1648)는 덴마크 역사에서 가장 흥미로운 캐릭터로 엄청난 열정을 가진 인물이었다. 그의 열정은 국가의 통치에만 국한되지 않았다. 그는 왕권을 확립함과 동시에 영토 확장을 꾀하고 중상주의적 정책을 폈다. 국가정책뿐 아니라 여러 분야에 호기심이 많았다. 맥주를 좀 더 진하게 만들기 위해 직접 양조장을 짓고 맥주 양조법을 연구하는가 하면, 음악과 무용에 관심이 많아 다양한 작곡가들과 교류하기도 했다. 항해술에도 관심이 있어 새로 건조한 군함을 몸소 시운전하기도 했다니, 얼마나 에너지가 넘치는 인물이었는지 짐작할 수 있다.

코펜하겐의 800여 년 도시 역사에서 가장 큰 영향을 미친 인물이 누구냐고 묻는다면, 나는 17세기 덴마크 국왕 크리스티안 4세라고 주저 없이 대답할 것이다. 그는 코펜하겐을 확장하고, 코펜하겐 옆 아마게르Amager섬을 대규모로 개간하여 현재 코펜하겐 도시의 기틀을 다졌다. 코펜하겐을 대표하는 구 증권거래소Børsen, 라운드 타워Rundetaarn, 크리스티안스보르 궁전Christiansborg Palace, 로젠보르 성Rosenborg Castle 등을 만들었고, 그 외에도 그가 추진한 많은 건축물들이 여전히 코펜하겐의 도시 랜드마크로 남아 있다.

크리스티안 4세 집권 이전의 코펜하겐은 높은 방어벽으로 둘러싸여 폐쇄적인 중세 도시의 전형적 모습을 하고 있었다. 중세 도시 코펜하겐은 상업의 발달로 여기저기서 사람들이 모여들었는데, 이 사람들을 수용하기 위한 도시 확장에 한계가 있었다. 대포가 개발되면서 성이 공격을 받으면 높은 성벽일지라도 쉽게 무너져버리기 일쑤였기 때문에 방어의 목적에도 한계가 있었다. 인구 증가에 따른 주택 부족 문제를 해결하고 군주의 강력한 힘을 보여주기 위해서라도 크리스티안 4세에게 코펜하겐의 도시 확장은 필수적이었다.

크리스티안 4세는 중세 도시 코펜하겐의 형태를 재편하는 계획을 구상했다. 새로운 코펜하겐이라는 뜻의 '뉘코벤하운'Ny København이라는 방대한 도시계획이었다. 이 계획은 도시 성곽이 유지해온 코펜하겐의 도시 형태를 무너뜨린 최초의 도시 확장 계획이라는 점에서 큰 의미가 있다. 우선 그는 도시의 크기를 늘리기 위해 자기 자신이 예전에 정비했던 성곽의 절반을 허물고 북쪽으로 성곽을 늘려 배치하여 코펜하겐을 두 배 이상 크게 만들었다. 그리고 새로운 코펜하겐 영역에 최초의 주택 사업을 펼쳤다. 해군 및 관련 직원들과 조선소에서 일하는 노동자들이 묵을 수 있는 숙소를 건설하는 뉘보더 계획이었다. 아직까지 코펜하겐

현재까지 시내 중심에 남아 있는 뉘보더는 예전 모습을 그대로 간직하고 있다. 진한 노란색 회벽과 검붉은 지붕 및 덧문과 진한 녹색 창틀의 조합을 한 뉘보더는 코펜하겐의 랜드마크 중 하나다. 뉘보더는 성전환수술을 받은 최초의 인물 중 한 명인 덴마크 화가 릴리 엘베Lili Elbe의 인생을 그린 톰 후퍼 감독의 영화 《데니시걸》의 배경 중 한 곳으로 등장한다. ⓒ Anton_Adobe Bank

시내에 남아 있는 가장 오래된 레케후스는 바로 크리스티안 4세가 건립한 뉘보더Nyboder(1631)이다.

뉘보더의 최초 배치는 대규모 방사형으로 계획되었다. 그러나 지리하게 계속되던 30년전쟁의 여파로 덴마크의 국가 재정에 구멍이 나고 말았다. 크리스티안 4세는 결국 뉘보더 전체 계획의 일부만을 마무리 지은 채 중단해야 했다. 총 40개 동이던 뉘보더는 그마저도 시간이 흐르면서 슬럼화가 진행되고 많은 수가 철거되어, 현재는 26개 동만이 남아 있다. 다행히 살아남은 뉘보더의 가옥들은 현재까지 대부분 예전 모습을 그대로 유지하고 있다. 모두 박공지붕에 복층 구조로 지어졌으며 그 모습은 전통적 데니시 렝에의 모습과 많은 점에서 닮았다. 이곳에 총 600여 세대가 거주했는데, 인상적인 점은 모든 세대의 평면이 동일했다는 것이다. 해군에 종사하는 사람들의 사회적 신분이 다 달랐음에도 모두 동일한 조건의 주택을 배당받았다. 이는 당시 위계적 신분사회 구조에서 상당히 획기적인 일이었다.

건물 사이에는 가로와는 분리된 주민들만을 위한 정원이 있어, 주민들은 그 안에서 채소를 재배하고 서로 교류했다. 뉘보더는 하나의 자립적 주거단지였기 때문에 단지 내에 빵집, 맥주 공장, 시장, 병원, 경로원 등 다양한 공공시설을 갖추고 있었지만, 아쉽게도 지금은 남아 있지 않다. 그럼에도 북코펜하겐 개발의 시발점이었던 뉘보더는 현재 그 역사적 가치를 인정받아 지금까지 잘 보존되고 있는데, 한국의 민속촌처럼 아무도 살지 않는 박제품으로 존재하는 게 아닌, 실제로 사람들이 살며 코펜하겐의 일상의 배경이 되는 도시 조직으로 존속하고 있다. 도시 중심에 위치하지만 레케후스라는 쾌적한 주거환경 때문에 건물이 노후했음에도 불구하고 아직도 해군 관련 종사자뿐 아니라 다양한 계층의 사람들이 모여 산다. 코펜하겐의 역사와 시간을 고스란히 간직한 뉘보더는 역사적 가치뿐 아니라 그 회화적 풍경 때문에 코펜하겐 시민들이 사랑해마지않는 랜드마크로 남아 있다.

매력적인 사잇길, 카토펠레케르네

코펜하겐 호수 동쪽 바로 옆에 위치한 카토펠레케르네Kartoffelrækkerne는 대표적인 레케후스 단지다. 카토펠kartoffel은 덴마크어로 '감자'라는 뜻인데, 혹자는 이 지역이 예전에 감자를 재배하던 지역이었기 때문에 지어진 이름이라 하기도 하고, 혹자는 길게 늘어선 집들이 마치 감자튀김처럼 생겼기 때문이라고도 한다. 카토펠레케르네는 1889년 설립 당시에는 노동자들을 위한 협동조합주택이었다. 지금은 도심이지만 19세기 말까지만 하더라도 카토펠레케르네의 위치는 코펜하겐 도심 외곽에 해당했기에 지가가 그리 높지 않았다. 낮은 대지 가격은 노동자를 위한 500여 세대의 대규모 주거 프로젝트를 가능하게 했다. 건물마다 정원이 있는 저층형 주택은 당시 노동자를 위한 주택으로는 파격적인 주거환경이었다.

시간이 흐르고 코펜하겐이 점점 팽창하면서 카토펠레케르네의 위치는 코펜하겐의 가장자리에서 중심이 되었다. 지가가 오르면서 그곳에 거주하던 조합원 노동자들이 집을 팔고 다른 곳으로 이사하기 시작했다. 조합공동주택의 개별 소유권도 조합에서 각 세대의 소유주로 넘어가게 되었다. 예전에는 3층 규모인 건물에 층마다 다른 세대가 살았지만, 점차 한 세대가 전체 건물을 전부 사용하는 형태로 소유권이 변하기 시작했다. 건설 당시의 설립 목적은 이미 온데간데없지만, 코펜하겐 호수에 면한 훌륭한 지리

카토펠레케르네는 21개의 선형 건물과 11개의 길로 구성되어 있으며, 집집마다 다른 외관을 하고 있다. 지붕 형태, 외장재, 창호 형태 등이 다 달라 120여 미터나 되는 사잇길을 거닐기에 전혀 지루하지 않다. 각각의 길은 모두 자기만의 이야기를 담고 있고, 좁은 길을 마주보는 이웃들은 조금 더 특별한 관계를 맺는다. ⓒ nikitamaykov_Adobe bank

적 여건으로 인해 코펜하겐 도심 주거환경 중 밀도가 낮은 가장 살기 좋은 곳이 되었다.

카토펠레케르네는 코펜하겐 사람들에게 꼭 한번 살아보고 싶은 동경의 대상이 된 지 오래지만, 사실 카토펠레케르네에 살기 위해서는 감수해야 하는 불편이 몇 가지 있다. 우선 건물이 노후해서 입주시 대대적 공사쯤은 할 각오가 있어야 한다. 또 건물 폭이 좁아 집 안의 공간이 그리 넓지 않고 특히 거실 공간이 상대적으로 협소하다. 한 세대가 3층이기 때문에 하루에도 몇 번씩 비좁고 가파른 계단을 오르내려야 하는 번거로움도 감내해야 한다. 집 앞뒤에 정원이 있다는 것이 큰 매력이지만 말이 정원이지 굉장히 작은 크기다. 전면 3미터, 후면 5미터 길이로, 아이들이 뛰어놀기에는 형편없이 작다. 또 주차 공간이 부족하여 집 주변 주차는 기대하지 않는 것이 낫다.

그렇다면 무엇이 카토펠레케르네를 코펜하겐 사람들이 살고 싶어하는 동경의 대상으로 만들었을까? 비싼 값을 치르고 불편을 감수하고서라도 살고 싶게 하는 카토펠레케르네만의 매력은 무엇일까?

답은 건물들의 사잇길에서 찾을 수 있다. 카토펠레케르네 단지 내에 들어서면 코펜하겐의 보편적인 도시 공간에 비해 무언가 특별함이 있다. 일단 3층 높이의 합벽 건물들이 모여 구성하는 '길'의 모습이 이채롭다. 예전에는 통일된 입면 형태를 가졌던 건물들은 소유권 이전의 과정에서 각 소유주들의 입맛에 따라 제멋대로 조금씩 수선되기도 하고 확장되기도 했다. 레케후스 유형의 구조적 단순함 때문에 외관 보수가 좀 더 자유로웠다. 어떤 사람들은 건물 색을 바꾸고, 어떤 사람들은 오래된 창문을 교체하고, 어떤 사람들은 집 앞의 뜰을 취향에 맞게 가꾸기 시작했다. 120여 미터를 훌쩍 넘는 장방형의 건물군은 주민들의 개별 작업을 통해 서서히 변화하였는데 세대마다 각자의 개성을 드러내며 건물 사잇길에 생동감을 더했다.

여기서 주목해야 할 점은 카토펠레케르네 단지 내에서 사적 영역과 공적 영역 사이의 경계가 모호하다는 점이다. 각 세대는 각각 2개의 작은 정원을 가진다. 2미터 높이의 벽으로 둘러싸인 건물 후면에 딸린 개인 정원이 하나이고, 높이가 1미터도 채 되지 않는 낮은 담장으로 둘러싸인 길에 접한 전면 정원이 또 하나다. 특히 낮은 담장으로 둘러싼 전면의 작은 정원들은 사적 영역의 경계라기보다는 이웃들 스스로 함께 사용하는 길을 꾸미기 위해 존재하는 듯한 인상을 준다. 사적 영역으로서 담장의 의미가 모호해지면서 집 앞 정원은 공공영역으로 편입되어 있는 것처럼 느껴진다.

더 재미있는 점은 주민들이 공공영역인 길을 그들의 사적인 목적을 위해 사용한다는 점이다. 이는 카토펠레케르네 단지 내 사잇길의 특이한 도로 구조가 있기에 가능하다. 120여 미터의 사잇길은 자동차가 통과할 수 없는 막다른 길이다. 사잇길 한가운데는 차가 통과할 수 없도록 길을 막아놓고, 조그만 놀이터나 주민들이 사용할 수 있는 테이블 등이 마련되어 있다. 자동차가 단지를 통과할 수 없다 보니, 외부 차량이 이곳에 들어올 리는 만무하다. 주민들 역시 오후 네 시 이후 집 앞 주차는 포기해야 할 정도로 주차 가능 대수가 부족하고, 설령 주차를 했다 치더라도 좁은 사잇길 폭에서 자동차를 빼는 데 겪어야 할 스트레스를 감수해야 한다. 결국 이 사잇길은 주차되어 있는 자동차는 가득하지만 이동하는 자동차는 극히 드문, 보행을 위한 길이 된다.

지나다니는 차가 없다 보니, 주민들은 필요할 때마다 길을 서슴없이 점유한다. 길에 놓인 집 앞 벤치에서 어떤 주민은 친구를 초대해 저녁을 함께 먹는다. 또 다른 이웃은 집 앞 길목에 테이블을 길게 붙여놓고 큰 파티를 열기도 한다. 금요일 오후나 주말에 이곳에서 사람들이 와인 잔을 들고 북적이는 모습은 흔히 볼 수 있는 광경이다. 이처럼 카토펠레케르네 단지 내의 길은 특별하다. 이곳의 길은 지나가기 위한 통로이기도 하지만 늦은 시간까지 머무는 장소이기도 하다.

카토펠레케르네 사잇길을 걷다 보면 때로는 산만해 보이기도 한다. 길가에는 차들이 정신없이 주차되어 있고, 자기 집 앞뜰을 고치면서 나온 건축 폐자재들이 길가에 방치된 채 쌓여 있기도 하다. 길 한가운데는 동네 아이들이 모여 놀 수 있는 공간이 마련되어 있다. 공간은 거창하지 않다. 주민들이 아이들을 위해 만들어놓은 조그마한 오두막, 미끄럼틀, 모래놀이 상자가 전부다. 그리고 주민들은 앞뜰에서 커피를 마시며 그들의 아이들이 뛰어노는 모습을 바라본다. 카토펠레케르네 단지 내 길은 주민들이 만나는 친교의 공간으로서, 아이들이 뛰어노는 놀이터로서, 손님을 접대하는 응접실로서 이용된다. 이곳에서 사적 영역과 공적 영역의 경계는 모호하다.

지금은 도심에서 인기 좋은 레케후스 유형이 코펜하겐이 점차 고밀도화되면서 근대 주거 개발방식에 맞지 않는다는 이유로 사라질 위기에 처하기도 했다. 20세기 들어 부족한 주택 수요를 충당하기 위해 코펜하겐과 그 주변에 엄청난 수의 주택이 지어졌다. 얼마나 빨리 높은 밀도로 건설하는지가 중요했다. 6층짜리 중정형 공동주택에 비해 밀도가 낮은 로우하우스는 도시 내에 짓기에 사업적인 면에서 타당성이 적었다. 단층 혹은 복층 형태의 독립된 세대가 일렬로 길게 늘어서는 선형의 건물은 고밀도화하기에는 너무 저층이었다. 그리고 덴마크 레케후스의 특징인 전·후면에 있는 정원을 낮은 가격으로 제공하기에 땅값이 이미 너무 올라 있었다. 더군다나 레케후스는 당시 중산층이 바라는 주거 유형도 더 이상 아니었다. 중산층이 바라던 소위 '나만의 공간, 나만의 정원'이라는 욕구를 채우기에는 부족했기 때문이다. 코펜하겐 시민들은 시내 근처의 레케후스에서 살기보다는 좀 더 넓은 정원이 딸린 교외의 개인주택에서 살기를 바랐다.

로우하우스 방식의 개발은 전에는 없던 다양하고 복합적인 주거 수요를 감당하기에, 시대적 요구에 부합하기에 역부족이었다. 결국 코펜하겐 내에서 전통적 레케후스 유형을 기본으로 하는 주거단지 개발은 20세기 중반에는 현저히 줄어들었다. 그러나 얼마 지나지 않아 사람들은 도심 레케후스가 제공하는 삶의 질을 다시금 인식하기 시작했다. 노후한 레케후스조차 꾸준히 가치가 상승했고, 레케후스 유형을 적용한 주거단지 개발도 다시 주목받

카토펠레케르네 주민들이 길을 점유하는 방식. 120여 미터 길이의 사잇길 한가운데 공간은 차가 통과하지 못하기 때문에 자연스럽게 카프리존이 된다. 그래서 이곳은 사잇길을 마주하는 주민들이 점유할 수 있는 공간이 된다. 이곳에서 동네 아이들이 모여 놀기도 하고, 어떤 주민은 손님을 초대해 저녁식사를 하기도 한다. 우리가 이곳에 산다고 가정해보자. 내가 초대한 손님과 저녁식사를 하고 있는 중간중간 인사를 건네는 이웃들을 매번 응대하는 것은 반가운 일일까 아니면 조금은 귀찮은 일일까?

았다. 이는 단순히 과거로의 회귀가 아니라, 도심 공간에서 레케후스가 가져다줄 수 있는 삶의 질과 그 가능성을 새롭게 발견한 결과였다. 무엇보다 건물들 사이에서 느껴지는 레케후스 특유의 공간적 아늑함과 덴마크 고유의 휘글릿hyggeligt 한 감성은 레케후스의 가치를 재조명받게 했으며, 코펜하겐의 일상을 좀 더 풍요롭게 하는 데 일조하고 있다.

1:10,000 scale

코펜하겐 하버, 공동의 거실

상인들의 항구

뉘하운Nyhavn은 코펜하겐을 소개하는 관광책자의 표지에 어김없이 등장하는 인기 있는 관광명소다. 항구 앞에 나란히 늘어서 있는 형형색색의 건물들이 인상적이다. 그중 한곳은 안데르센이 10여 년이 넘도록 거주하며 창작활동을 했던 곳이기에 더욱 인기가 좋다. 지상층에는 레스토랑이 줄지어 영업을 하고 젊은 여행객들은 삼삼오오 길바닥에 앉아 맥주를 마신다. 하지만 항구만이 가질 수 있는 이런 자유로운 정취가 뉘하운이 코펜하겐을 대표하는 장소가 된 이유의 전부는 아니다.

뉘하운은 17세기에 선착장을 육지로 끌어들여 시내 중심부로 화물 운송을 좀 더 용이하게 할 목적으로 만들어졌다. 긴 운항을 마치고 육지로 돌아온 선원들에게 뉘하운은 작업장이기도 했고, 일을 마친 후 여흥을 즐기는 장소이기도 했다. 선원들이 머물고 여흥을 즐기던 여관과 선술집들이 아직 그 자리에 남아 오늘날까지 이어져 내려오는데, 이제는 선원들 대신에 여행객들로 채워져 있다. 예전 항구의 오랜 모습을 간직하고 있는 뉘하운은 항구도시 코펜하겐의 역사와 정체성을 드러내는 장소다.

뉘하운이 코펜하겐의 정체성을 고스란히 품고 있듯이, 코펜하겐은 이전에도 지금도 항구도시다. 코펜하겐(덴마크어 København)의 이름 역시 상인들의 항구라는 뜻의 '쾹만네하픈'Købmannæhafn에서 유래했다. 코펜하겐은 지정학적으로 항구가 되기에 유리한

인파로 가득한 뉘하운.

조건을 지니고 있다. 코펜하겐 하버는 질란드Zealand 내륙 서부 해안과 아마게르섬 사이 10킬로미터 정도 길이의 좁은 해협에 위치한다. 이로 인해 두 도시 영역으로 안전하게 둘러싸인 하버는 배가 깊숙이 들어올수록 코펜하겐의 중심에 맞닿게 된다. 물자의 효율적인 이동이 가능한 지형적 요건은 코펜하겐을 물류 산업의 중심지로 만들었다. 메어스크Mærsk 같은 세계 최대 규모의 컨테이너 물류회사가 성장할 수 있었던 계기도 여기에 있다. 코펜하겐 하버는 뱃길로 코펜하겐에 들어올 수 있는 유일한 통로여서, 하버 입구는 군사적으로 중요한 요충지이기도 하다.

산업시설에서 시민을 위한 항구로

20세기 들어 코펜하겐의 지형·지리적 여건은 코펜하겐의 군사시설과 산업시설을 하버 주변에 모여들게 했다. 1980년대까지만 하더라도 코펜하겐 하버 주변에는 군사시설과 각종 물류 산업시설들이 즐비했다. 하버는 도시의 중심에 맞닿은 아주 매력적인 수변 공간이지만 좀처럼 공공의 목적으로 이용되지 못했다. 코펜하겐 하버는 시민들의 것이 아니라 국가와 산업의 것이었다. 그러다가 마침내 덴마크 정부와 코펜하겐시는 하버 일대를 산업, 물류 중심에서 주거 및 업무지구로 변화시키려는 공공정책을 추진하기 시작했다. 물류시설은 하나둘 코펜하겐 하버 중심에서 도시 외부로 이전했다. 1980년대 이후 하버에 인접한 산업시설들의 영업이 제한되었다. 그들이 떠난 자리에 주거, 업무시설과 공공건물이 점차 자리를 잡았다.

코펜하겐 하버 재편 계획의 기본 가이드라인은 기존 항만시설을 가능한 한 그대로 보존하여 항구로서의 정체성을 보존한다는 것이었다. 그래서 아직도 항구 주변에는 많은 수의 대형 창고 건물들이 하버 동서로 늘어서 있다. 비록 이 건물들이 창고로 지어졌을지라도 그 외관은 매우 수려하다. 창고건물들은 항만시설이 다른 곳으로 이전한 후에도 그대로 보존되어 시대의 요구에 맞게 다른 목적으로 사용되고 있다.

남아 있는 항만시설은 각종 업무시설, 유명 레스토랑, 박물관, 공동주택, 호텔 등으로 재탄생하여 다양하게 이용된다. 대부분은 건물 외관을 유지한 채 실내만 고쳐 쓰는데, 기존의 구조물을 재활용하기 때문에 시공 난도가 높고 일반 건물보다 공사비가 훨씬 많이 든다. 또 기존 구조물을 그대로 활용하기에 불가피하게 생기는 공간의 비효율성으로 인해 건물의 가용면적은 그만큼 줄어든다. 그 대신 코펜하겐 하버는 예전 산업항으로서의 기억과 역사를 간직할 수 있게 된다.

수변 공간을 공공화하는 작업도 차차 진행되었다. 이슬란스 브뤼게Islands Brygge 수변 공원이 첫걸음이었다. 코펜하겐은 하버를 사이에 두고 구도심이 속한 서북부와 아마게르섬에 속한 남동부로 나뉘는데, 이슬란스 브뤼게는 하버와 맞닿아 있는 아마게르섬의 수변 지역을 일컫는다. 아마게르섬 수변 공간은 1980년대까지 선적을 효과적으로 하기 위해 산업시설들로 가득했다. 공공시설은커녕 시민들이 지나다니지도 못할 정도로 선박, 크레인, 철로 등이 즐비했다. 그러다가 산업시설이 하나둘 자리를 옮기면서 수변 공간의 활용방식이 화두가 되었다. 수변 공간을 주거, 상업 용도로 써야 한다는 의견부터, 이곳을 공원으로 만들면 인구 유입으로 인해 생기는 젠트리피케이션 때문에 이 지역에 살던 공장 노동자들이 동네를 떠나야 할 것이라는 우려까지 다양했다.

결국 1983년부터 순차적으로 공원화가 시작된 이슬란스 브뤼게 수변 공원은 현재 코펜하겐 시민들에게 여름철 사랑받는 쉼터가 되었다. 이는 산업시설이 점유하고 있는 수변 공간을 코펜하겐 시민들에게 되돌려준 첫 사례였다. 이 수변 공간의 변화는 코펜하겐 시민들이 수변 공간의 가치를 인식하는 계기가 되었다.

다만 항만시설을 외부로 옮기고 건물을 재활용하여 항구의 옛 모습을 간직하더라도, 시민들이 수변 공간을 제대로 이용하려면 좀 더 다른 차원의 고려가 필요했다. 이전까지 코펜하겐 하버가 시민을 위해 휴식처를 제공하는 공공의 역할을 할 수 없었던 이유 중 하나는 바로 좋지 않은 수질이었다. 1950년대부터 코펜하겐시는 수질을 이유로 시민들이 하버에서 수영하는 것을 금지했다. 각종 산업시설과 도시의 오수가 하버로 흘러들었기에 수질이 좋을 리 없었다. 도시환경의 질을 높이기 위해서는 코펜하겐 하버의 수질 개선이 시급했다. 코펜하겐시는 하버 주변의 우수관과 오수관을 분리하여 오수가 하버로 유입되는 것을 막아 코펜하겐 하버의 수질 개선에 나섰다. 마침내 2000년 코펜하겐 시민들이 하버에서 수영을 즐길 수 있을 정도로 수질 개선이 성공적으로 마무리되었다. 하버의 수질 개선은 코펜하겐 하버를 산업항으로서의 전통적 역할 대신 도시 공공적 역할의 무대로 탈바꿈시키는 신호탄이었다.

코펜하겐 하버에서 수영을 즐길 수 있으리라 생각한 사람은 2000년 이전만 해도 그리 많지 않았을 것이다. 수질 정화에 성공한 코펜하겐 하버 물 위에 2002년 드디어 나무 데크를 띄워 사

곡식이나 유류를 저장하는 데 사용하는 사일로silo 같은 항만 산업시설의 경우 처음부터 사람이 이용하는 건물로 지어진 것이 아니기 때문에 고쳐 쓸 수 있는 범위가 한정적이다. 그러나 사일로의 콘크리트 외벽에 스스로 지지할 수 있을 만큼의 폭으로 공동주택이나 사무실 공간을 매달아 사용하면 완전히 새로운 건물로 탈바꿈시킬 수 있다. 코펜하겐 북부의 항구를 뜻하는 노하운Nordhavn 지역은 순차적으로 도시화가 진행 중이다. 노하운에서는 기존의 사일로를 공간화해 이용하는 모습을 흔히 볼 수 있다. 이로써 노하운은 기존 항구의 기억을 보존할 수 있으며, 신구의 대비를 통해 인상적인 스카이라인을 만들어낸다.

람들이 수영할 수 있도록 한 하버바스Harbour Bath가 보란 듯이 완공되었다. 이곳은 이제 여름철이면 발 디딜 틈 없이 붐비는 코펜하겐의 명소가 되었다. 야외 수영장 하버바스는 코펜하겐 하버 수질 정화를 가시화한 플래그십flag-ship 공공시설의 의미를 넘어, 코펜하겐 하버프런트 공공화 사업의 본격적인 출발점이라는 의미를 지닌다. 첫 하버바스가 개장한 이래, 코펜하겐 하버 곳곳에 비슷한 종류의 하버바스가 여기저기 만들어졌다. 하버의 물길은 바닷물이지만 조수간만의 차가 거의 없고 수심도 7~10미터밖에 되지 않아, 하버 바닥에 기둥을 심어 데크를 안정정으로 지지할 수 있다. 따라서 물 위에 떠 있는 데크식 수영장을 만들기에 용이하다. 여름철 하버의 물길은 카약, 보트, 수상 버스 등으로 채워질 정도로 수상 레저도 눈에 띄게 늘었다.

오래된 건물로 빼곡히 채워진 코펜하겐 도심에서 더 이상 새 공공건물이나 공원을 만드는 일은 쉽지 않다. 도시 내 공터가 거의 남아 있지 않기 때문이다. 그렇다고 100년 된 건물을 철거하고 다시 짓는 것은 도시 경관을 해치는 일로 간주되어 허가가 나지 않는다. 이런

코펜하겐 하버는 도시를 가로질러 있기에 단일 공원 혹은 오픈 스페이스로서 가장 긴 면을 도시와 접하고 있다. 따라서 하버는 코펜하겐 시민들이 어디에 살든 쉽게 닿을 수 있는 거리에 있다. 여름철 하버는 코펜하겐 도심의 어느 곳보다 사람들로 붐빈다. 앉을 자리를 찾기 어려울 때도 적지 않다. 코펜하겐 시민들은 많은 인파 속에서 쉬고, 먹고, 마시고, 일광욕을 하고, 수영하고, 문화생활을 즐기면서 하루의 긴 시간을 보낸다.

상황에서 코펜하겐 하버 수변 공간은 여전히 새롭게 거듭날 가능성을 지닌 거의 유일한 장소이다. 왕립도서관, 덴마크건축센터, 오페라하우스, 국립극장 같은 21세기에 지어진 대형 공공건물들이 하버에 자리 잡고 있는 이유다. 탁 트인 물길 앞에 있으니 하버 어디에서도 보이는 새 랜드마크로서의 위상도 뽐낼 수 있고, 외부 공간이 넉넉하기 때문에 건물 주변으로 시민들이 즐길 수 있는 공공시설도 충분하게 제공할 수 있다. 새 공공건물이 들어서기에 이보다 좋은 위치가 또 있을까?

코펜하겐 하버는 상인들의 항구라고 불리었을 정도로 물류의 중심일 뿐 아니라 산업시설 및 해군 관련 시설이 모여 있는 코펜하겐 경제와 안보의 중추였다. 적어도 20세기까지는 그랬지만, 이것은 과거의 이야기일 뿐 더 이상 유효하지 않다. 현재의 코펜하겐 하버는 사람들이 여름철 휘게를 함께 누리는 거대한 '공동의 거실'이다.

칼브볼 웨이브,
자유로운 행위가 동시다발적으로 일어나는

칼브볼 브뤼게Kalvebod Brygge는 코펜하겐 중앙역과 연결된 철로 남쪽 하버 지역을 일컫는다. 이곳은 이전까지 산업용 철로가 깔려 있던 산업지역이었으며, 코펜하겐시가 1980년대부터 시작한 코펜하겐 하버 정비사업의 본격적 시작을 알린 곳이기도 하다. 당시 코펜하겐 하버 정비사업의 첫발은 그리 성공적이지 못하였다. 칼브볼 브뤼게는 도심과 바로 맞닿아 있는 수변 공간이지만, 그 둘 사이를 가로지르는 간선도로 때문에 보행자와 자전거의 접근이 원활하지 못하였다. 더 큰 문제는 코펜하겐시가 민간에 필지를 분양할 때 수변 공간까지 포함해 매각하는 실수를 범하였다는 것이다. 결과적으로 칼브볼 브뤼게의 수변은 장방형의 고층 건물들이 줄지어 들어서게 되었고, 수변 공간은 몇몇 오피스 건물이 거의 독점하다시피 하였다. 칼브볼 브뤼게 수변 공간은 공공의 영역이 없는, 코펜하겐 시민들이 거의 찾지 않는 버려진 공간이 되고 말았다.

칼브볼 브뤼게 바로 건너편의 이슬란스 브뤼게와 그 앞에 자리 잡고 있는 하버바스는 여름철이면 사람들로 가득한, 시민들에게 사랑받는 도시 공간이 된 지 오래였다. 도시에 사는 사람들은 수변 공간의 중요성을 피부로 느끼고 있었다. 뒤늦은 감이 있지만 코펜하겐시는 칼브볼 브뤼게 수변 공간을 활성화하고자 건축 설계 공모를 개최했으나, 민간이 이미 수변 공간을 점유하고 있었기에 공공의 도시 공간을 만들 여지는 별로 없었다.

하지만 수변에는 공간이 없지만 물 위는 공간 제약이 없다는 것을 바로 건너편 하버바스 프로젝트를 통해 이미 경험한 코펜하겐이었다. 설계 공모의 과제는 민간영역으로서 기존 수변 공간이 아닌 물 위에 공공의 공간을 만드는 것이었는데, 풀어야 할 과제가 한 가지 더 있었다. 북서쪽 장방형으로 늘어서 있는 건물들이 하루 대부분의 시간 동안 드리우고 있는 짙은 그늘이 문제였다.

유럽, 특히 북유럽에서 쾌청한 여름 날씨는 특별하다. 1년 동안 일광욕을 즐길 수 있는 날이 그리 많지 않기 때문에 햇볕이 있는 날은 코펜하겐 공원이나 수변은 일광욕을 즐기는 사람들로 가득하다. 다르게 보자면 여름철의 그늘은 그다지 쓸모가 없다는 말이다. 칼브볼 브뤼게 수변은 건물이 들어서서 그늘진 공간이 되어버렸기에 시민들이 이곳에 올 이유는 더더욱 없었다.

따라서 우리(Urban Agency)는 시민들이 일광욕을 즐길 수 있는 공간을 최대화하는 방안을 찾는 것으로 제이디에스 아키텍츠JDS Architects와 함께 프로젝트를 시작했다. 당연한 말이지만 도시 공간은 즐길 만한 여건이 충족될 때 사람들이 찾아오기 때문이다. 우리는 우선 시민들이 어느 곳에서나 접근 가능하도록 넓게 펼쳐진 W자 모양의 인공 데크를 계획했다. 그리고 사람들이 퇴근 후 가장 많이 이용하는 시간대에 햇볕을 가장 오랫동안 받을 수 있는 위치를 찾아 그곳에 폭이 넓은 공간을 만들었다.

이 프로젝트의 이름이 '칼브볼 웨이브'Kalvebod Wave인 것은 기존 도시 조직과 맞닿게 하는 평면적인 W자 동선의 흐름 때문이기도 하지만, 시민들에게 다양한 높이에서 수변을 조망할 수 있도록 수직적인 동선의 흐름을 만들었기 때문이기도 하다. 이곳에서 사람들은 물결치는 데크를 따라 산책을 하거나 일광욕을 하고 카약을 즐기는 등 다양한 활동을 할 수 있다. 안전상의 이유로 수영은 못 하도록 되어 있지만, 이곳에 온 사람들은 아랑곳하지 않고 물속으로 뛰어든다.

칼브볼 웨이브와 코펜하겐 전경. © Urban Agency

날이 좋은 날에 한쪽만 붐비던 코펜하겐 하버가 이제 양쪽 모두에서 일광욕을 즐기는 사람들로 넘쳐난다. ⓒ Urban Agency

이전에는 아무도 찾지 않아 버려졌던 도시 공간이 코펜하겐 시민뿐 아니라 관광객들도 꼭 들르는, '모두를 위한 공간'이 되었다. 이곳에서 사람들이 스스로 그들만의 놀이를 즐기는 모습을 이젠 쉽게 볼 수 있다. 우리는 칼브볼 웨이브 위에 특정한 프로그램을 강제하지 않으려고 했다. 대신 시민들이 하고 싶은 행위를 스스로 할 수 있도록 열린 장을 제공하고자 했다. 이곳에서는 일광욕이나 수영을 즐기는 사람들 이외에, 기둥 사이에 줄을 걸어 물 위에서 외줄타기를 하거나 경사지에서 스케이트보드를 타고 내려와 물로 점프를 한다든가, 카약 슬라이딩 목적으로 만들어놓은 높은 플랫폼을 다이빙대로 쓴다든가 하는 다양하고 자유로운 행위가 동시다발적으로 벌어진다. 우리가 계획하거나 예상하지 않은 일들이 자발적으로 일어나는 것을 볼 때, 우리가 제안한 300여 미터의 거대한 공공의 공간이 제대로 작동하고 있는지 분명히 확인할 수 있었다. 이는 좋은 공공의 공간이란 계획만으로 만들어지는 것이 아닌, 사람들이 함께 공간을 채워갈 때 비로소 완성된다는 점을 다시금 일깨워주는 사례이다.

설계할 때는 미처 계획하지도 않은, 시민들의 자발적인 이벤트가 다양하게 일어나고 있다. ⓒ Kasper Egeberg

예전엔 아무도 찾지 않던 공간이 '모두를 위한 공간'으로 탈바꿈했다. 한여름의 칼브볼 웨이브. ⓒ Urban Agency

2

사람과 집단

집단주의 또는 상생주의

상실의 시대와 얀테의 법칙

덴마크에게 19세기 초는 상실의 시대였다. 덴마크는 그전까지 북으로는 노르웨이, 남으로는 독일 북부 슐레스비히홀슈타인Schleswig-Holstein 지역에 이르는 거대한 영토를 자랑하던 왕국이었지만, 나폴레옹전쟁 패배를 시작으로 영토는 갈수록 줄어들었고 전쟁에서 계속 패배함으로써 국력은 기울고 경제는 순식간에 파탄의 길로 접어들었다. 영국 출신의 안데르센 연구자 재키 울슐라거Jackie Wullschlager는 방대한 분량의 안데르센 평전을 집필하면서 당시 덴마크의 시대상을 자세히 기술해놓았다.

1807년 전까지만 하더라도 덴마크는 아메리카, 아프리카, 아시아에서 물품이 들어와 유통 거래되는, 독일을 포함한 북유럽의 무역과 경제 중심지였다. 그러나 1807년 덴마크가 프랑스 동맹군으로 나폴레옹전쟁에 참여하면서 상황은 바뀌게 되었다. 영국 해군의 포격으로 코펜하겐은 불바다가 되었고, 덴마크가 항복하자 영국군은 덴마크 함대를 끌고 가버리며 덴마크에 수모를 주었다. 코펜하겐 대폭격의 여파로 주요 무역로가 발트해와 북해 사이의 통로로 바뀌어, 덴마크 경제는 막대한 타격을 입게 된다. 전쟁에서 패한 후에도 프레데릭 6세는 더 많은 국가 재정을 육군과 해군의 증강에 쏟아부어 국고는 바닥을 드러냈고, 이는 덴마크 선주와 상인들의 연쇄 파산을 야기했다. 이런 과정을 거쳐 덴마크는 비엔나 협약에 따라 노르웨이 통치권을 스웨덴에 넘겨주어

이 그림은 나폴레옹전쟁 중 프랑스 편에 섰던 덴마크의 수도 코펜하겐이 1807년 영국 해군의 폭격을 받는 모습을 묘사하고 있다. 당시 덴마크는 계속되는 전쟁으로 인해 국가 재정이 파탄 나고, 무역과 경제가 크게 침체돼 있었다. 전쟁이 끝난 후 1814년 노르웨이 통치권을 스웨덴에 넘겨줘야 했으며, 중요한 자원 공급지였던 노르웨이를 잃은 덴마크는 그 이후 상당 기간 심각한 정치적, 경제적 혼란을 겪어야 했다. C. A. 로렌첸Lorentzen, 〈가장 끔찍한 밤, 1807년 9월 4~5일 밤 영국군의 코펜하겐 폭격 당시 콩겐스뉘토우 전경〉. ⓒ Statens Museum for Kunst

야 했고, 전시의 식량 부족과 급격한 인플레이션으로 일반 서민들의 삶은 극도로 악화되었다.

연이은 전쟁의 패배, 영토의 축소, 심지어 국가 부도 사태에 맞닥뜨린 덴마크인들은 무엇인가를 할 수 있다는 자신감을 상실했다. 자신감 상실의 반작용으로 덴마크 사회에는 뭉쳐야 산다는 묘한 사회 분위기가 형성되었다. 생존이 위기에 처하자 스스로 내부 결속력을 강화하려고 했으며, 사회적 위기를 겪으면서 덴마크인들의 기질은 집단주의적이고 배타적인 모습으로 표면화되기 시작했다.

덴마크 태생 노르웨이 소설가 악셀 산데모제Aksel Sandemose는 소설 『도망자, 지나온 발자취를 되밟다』(1933)에서 당시 덴마크의 시대상을 풍자했다. 소설의 배경으로 등장하는 '얀테'는 덴마크 사회를 빗대어 만들어진 가상의 작은 마을이다. 마을 사람들은 서로를 속속들이 알고 있다. 이곳에는 비밀도 익명성도 존재하지 않는다. 그리고 그들 조직을 유지하고 내부 기강을 규율하기 위해 꼭 지켜야 하는 법칙이 있는데, 바로 '얀테의 법칙'이다.

> 네가 특별한 사람이라고 믿지 마라. 네가 다른 사람보다 더 가치 있다고 믿지 마라. 네가 다른 사람보다 더 현명하다고 믿지 마라. 네가 다른 사람보다 잘났다고 믿지 마라. 네가 다른 사람보다 더 많이 안다고 믿지 마라. 네가 다른 사람보다 위대하다고 믿지 마라. 네가 무엇을 잘한다고 믿지 마라. 다른 사람을 비웃지 마라. 혹시라도 누

가 너에게 관심을 갖는다고 믿지 마라. 행여나 네가 누구를 가르칠 수 있다고 믿지 마라. 우리가 너에 대해 모른다고 생각하지 마라.

악셀 산데모제는 덴마크 사회의 집단주의적이고 배타적인 사회 분위기를 함축하여 풍자하기 위해 허구적인 얀테의 법칙을 소설에 등장시켰다. 이후 얀테의 법칙은 개인의 개성보다는 전체를 우선시하는 당시 덴마크의 집단적 성향을 뜻하는 부정적 의미로 줄곧 사용되었으며, 좋든 싫든 덴마크나 스칸디나비아 사회를 설명하는 데 빠지지 않고 등장하는 클리셰가 되었다.

동전의 양면 같은 집단주의와 상생주의

두 세기가 지난 지금, 끊임없는 경쟁 속에서 남들보다 앞서야 성공했다고 인정받는 현대 사회에서 '얀테의 법칙'은 전혀 다른 의미로 해석될 수 있다. 악셀 산데모제가 집단주의적이라고 조롱한 덴마크인의 기질은 오히려 덴마크가 현재 이룩한 안정된 정치 및 사회환경을 이루는 자양분이 되었다고 이해되기도 한다. 덴마크인들의 집단주의적 성향이 남과의 경쟁에서 승리해야 살아남을 수 있다는 승자독식 사회보다는 함께 나누며 살아가자는 상생 사회의 모습으로 발전할 수 있었다는 것이다.

내가 경험한 덴마크 사회는 이런 생각과 크게 다르지 않다. 덴마크인들은 실제로 서로 대립하기보다는 어느 정도 서로 양보하며 상식에 한하는 범위에서 시간이 걸리더라도 서로 수용 가능한 합의된 의견을 만들어내는 데 익숙하다. 그래서인지 역설적으로 덴마크인들은 공동체를 위해 남의 말을 그대로 따르기보다는 뛰어난 언변으로 자기 의견을 피력하는 데 보통 매우 능하다. 또 어떤 공통의 목표를 달성하기 위해 단체나 조합을 구성하고, 서로 의견을 나누어 스스로 내부 규범을 만들고 자율적인 조직을 운영하는 데 능숙하다. 덴마크 사회 내부의 자가 조직은 협동조합이나 사회민주주의 사회 시스템으로 가시화된다.

덴마크 사람들이 관계를 맺는 방식은 디자인이나 건축에 투영되며, 또 도시를 변화시켜왔다. 거꾸로 디자인, 건축, 도시환경은 덴마크 사회 내부의 관계망을 유지 또는 확대하기 위한 국가 정책의 일환으로 또는 자가 발생적인 대안으로 끊임없이 제안되고 현실화되었다. 사회민주주의 체제에서 그 과정은 지속적으로 진행되었고, 그 결과물들은 실패와 성공을 거듭하며 이제껏 덴마크의 도시환경을 진화시켜왔다.

집단주의와 상생주의는 마치 동면의 양면과 같다. 악셀 산데모제가 읽어낸 덴마크인의 사회적 성향은 시대에 따라 다른 방식으로 드러나고, 다르게 해석된다. 집단주의로 읽히기도, 상생주의로 읽히기도 했다. 얀테의 법칙만을 가지고 현대 덴마크의 국민성을 일반화하는 것은 무리다. 또 얀테의 법칙의 긍정적 혹은 부정적 의미를 가리는 것 역시 지금에 와서는 그리 중요해 보이지 않는다. 다만 두 상반된 사고방식의 공통점에 주목할 필요가 있다. 집단주의나 상생주의는 모두 개인의 욕구가 상충할 때 개인의 욕구를 어느 정도 양보하거나 혹은 희생할 때 공통의 목표를 이룰 수 있다는 점을 암묵적으로 전제한다. 다만 특정 개인의 지나친 양보나 희생을 강요할 수는 없다. 이를 최소화하기 위해 내부의 치열한 논쟁, 토론, 협의를 통한 합의가 필요하다. 이 과정을 통해 나온 분배에 대한 합의는 덴마크의 사회민주주의 복지사회의 출발점이기도 하다.

이러한 특성은 덴마크 정치제도에서도 그대로 드러난다. 덴마크는 1849년 헌법이 개정되면서 입헌 국회를 갖추었다. 19세기를 지나 20세기 초까지는 국민당과 진보당이 주도 정당이었지만, 이후 다른 정당들이 다수 등장하면서 정당의 다양성이 증가했다. 1924년 사회민주당Socialdemokratiet이 장기 집권을 한 이후에도 마찬가지였다. 정당의 다양성은 '연정'(연립정부)이라는 정치 환경을 통해 지금까지 유지되고 있다. 덴마크의 연정 체제에서는 일반적으로 선거 결과에 따라 다수 정당이 총리직을 차지하지만, 이해관계와 정책 목표가 맞는 정당들이 협상과 타협을 통해 합의를 도출하고 함께 정부를 구성한다.

연정을 구성하기 위해서는 다수의 정당이 협력해야 하기 때문에 첨예한 협상과 타협이 중요하며, 복잡한 정치적 이해관계와 상반된 요구사항들을 중재할 필요가 있다. 동시에 연정은 다양한 정치 성향을 대표하면서도 여러 이해관계를 조율하는 정치제도로서, 상대적으로 안정적이면서 다양한 의견을 수렴할 수 있는 정치환경을 조성할 수 있다. 덴마크 사회민주당이 20세기 대부분을 집권하면서 덴마크의 복지모델을 완성했는데, 사회민주당은 이를 위해 지속적으로 다른 좌파 정당과, 때로는 이념이 다른 우파와도 연정을 맺으며 정치활동을 했다. 그렇기에 아직까지도 작은 정당이지만 정치적 영향력이 센 많은 수의 소수정당이 존립하는 덴마크 다당제의 틀이 유지될 수 있었다.

덴마크 사회에서 부를 자랑하는 것은 그리 달갑게 받아들여지지 않는다. 값비싼 차나 고가의 가방을 남들에게 자랑하려는 사람이 있다면 주변 사람들은 가차 없이 그를 업신여기며 덴마크 특유의 건조한 유머를 가미해 조롱거리로 만들어버리기 일쑤다. 그래서 덴마크 사람들은 일반적으로 자기 자랑에 매우 서툰 편이다. 할 수 있는 자랑이라 해봤자 기껏해야 좋은 가구를 집에 들여놓고 친구들을 초대해 그들이 새 가구를 알아봐주기를 남몰래 마음 졸이며 기대하는 정도다. 이를 두고 덴마크 사람들이 조금 덜 물질적이라고 긍정적으로 이해할 수도 있지만, 다른 관점에서 보자면 남의 시선을 의식하며 타인의 눈에 거슬리는 행동을 하지 않으려 하는 무의식이 내재된 것으로도 볼 수 있을 것이다. '얀테의 법칙'은 현대 사회에 적응하여 덴마크 사회에 아직도 미묘하게 분명히 존재한다. 얀테의 법칙은 집단주의와 상생주의 사이 어디엔가 존재하며 덴마크인들의 삶의 방식과 사회 시스템을 유지하는 요소로 여전히 작용하고 있다.

1:10 scale

두 개의 의자

한스 웨그너와 아르네 야콥센

덴마크 디자인의 근간을 형성한 데니시 모던은 20세기 초 전 세계를 강타한 국제주의 양식 혹은 모더니즘과는 결을 달리한다. 데니시 모던은 바우하우스의 기능주의와는 다르게, 모더니즘의 정신과 덴마크의 전통적 목공예 기술의 공존을 통하여 과거와 현재 그리고 미래를 품고자 했다. 그렇다면 새로움을 추구하는 모더니즘과 옛것을 지키고자 하는 전통이라는 상반된 개념이 어떻게 공존할 수 있었을까?

이를 설명하기 위해 한스 웨그너Hans Wegner(1914~2007)와 아르네 야콥센Arne Jacobsen(1902~1971) 두 명의 인물을 비교, 소개할 필요가 있다. 두 사람은 많은 수의 데니시 모던 클래식을 남기

한스 웨그너.
ⓒ Carl Hansen & Søn

아르네 야콥센.
ⓒ Fritz Hansen

며 동시대에 데니시 모던을 대표한 인물들이다. 둘은 성장 배경은 물론이고 추구하던 바도 달랐다. 한스 웨그너는 당시 세계 최고의 목공 장인이었고, 아르네 야콥센은 덴마크 근대 건축을 대표하는 국제주의 건축가였다.

한스 웨그너는 세계 최고의 목공 장인이라는 칭호뿐 아니라, '의자의 왕'으로 불린 인물이다. 그가 평생 남긴 가구 수만 해도 1,000개가 넘는다. 그중 500여 개가 의자고 100여 개가 제품화되었으니 가히 '의자의 왕'이라 불릴 만하다.

그는 한 공간에 있는 모든 가구가 특별할 필요는 없다고 생각했다. 선반이나 장롱 같은 가구들은 기능에 충실하면 그것으로 충분하다고 여겼다. 대신 사람들이 가장 가까이에서 접촉하고 앉고 만지는 의자야말로 중요하며 진정 특별한 가치를 지닌다고 생각했다.

그가 남긴 '단 하나의 좋은 의자'Just one good chair라는 말은 그의 디자인 철학을 대변한다. 이는 그가 작업하는 일련의 작품들은 의자의 궁극에 도달하기 위한 수련의 과정이라는 뜻이다. 그의 작품 대부분은 하나의 모티브를 가지고 다양한 방식으로 여러 차례 거듭나고 또 거듭나는 과정을 거쳐 완성되었다.

한스 웨그너가 가구, 특히 의자의 궁극에 도달하기 위해 집중한 반면, 아르네 야콥센은 건축과 가구 디자인의 영역을 구분하지 않고 넘나들었다. 당시 덴마크에서 건축가가 가구 디자인을 하는 경우는 흔했지만, 아르네 야콥센만큼 건축과 가구 디자인 작업 간의 균형을 잘 맞춘 인물은 드물다. 그는 공공시설, 상업시설, 집합주택 등 다양한 건축 작업을 남겼으며, 동시에 가구나 제품 디자인에서 상업적으로 가장 성공했다. 아르네 야콥센은 건축가와 가구 디자이너라는 경계를 완벽하게 무너뜨렸다.

코펜하겐에서는 흔치 않은 국제주의 양식의 마천루인 SAS로열호텔은 아르네 야콥센의 대표작 중 하나다. SAS로열호텔은 아르네 야콥센에게 건축가로서의 근대 건축에 대한 열망과 가구 디자이너로서의 역량을 맘껏 펼칠 수 있게 해준 프로젝트였다. 그는 호텔을 위해 의자, 테이블, 조명 같은 가구는 물론, 객실 내부의 카펫, 문고리, 재털이 등과 같은 소품부터 레스토랑의 접시, 식기, 촛대, 소금통 및 후추통 등 주방 식기류까지 모두 디자인할 수 있는 기회를 얻었다. 호텔이라는 특성상 가구와 소품들이 다량으로 필요했기 때문에 이들 거의 대부분은 자연스레 대량생산으로 이어질 수 있었다.

흥미로운 점은 다양한 종류의 호텔용품을 디자인할 때, 하나의 모티브로 일관된 디자인 작업을 하지 않았다는 점이다. 그는 오히려 각각의 물품에 주어진 기능과 생산성에 맞는 최적화된 형태를 찾으려 했다. 각 제품의 개념과 형태는 모두 제각각이며 기능에 부합하는 최적의 재료가 사용되었다. 아르네 야콥센은 기능성의 극대화와 대량생산의 가능성 사이에서 각각의 디자인마다 다른 방식의 형태 실험을 했다. 그래서 그의 작품은 미래지향적으로 보이기까지 하다. 스탠리 큐브릭 감독이 미래의 모습을 그린 《2001 스페이스 오디세이》*2001: A Space Odyssey*에서 아르네 야콥센의 작품을 활용했을 정도다.

아르네 야콥센이 디자인한 SAS로열호텔 606호. SAS로열호텔 건물 외관은 예전 모습을 그대로 유지하고 있지만 객실은 그렇지 못하다. 아르네 야콥센의 사후 1980년대 호텔 측이 인테리어의 유행이 지났다는 이유로 전 객실을 새로 리모델링했기 때문이다. 건물의 역사적 가치를 이해하지 못한 호텔 측의 근시안적 결정이 부른 참사였다. 불행 중 다행으로 호텔 275개 객실 중 단 하나의 객실 606호만이 아직까지 리모델링되지 않고 건축 당시 옛 모습을 그대로 간직하고 있다. SAS로열호텔 606호는 종합적인 데니시 모던 건축을 경험할 수 있는 특별한 의미를 지닌 공간이다. 현재 고가의 스위트룸으로 지정되어 있기 때문에 별도의 견학 신청을 통해서만 방문할 수 있다는 것이 안타까울 따름이다.

더 체어 vs. 앤트 체어

한스 웨그너의 '더 체어'Thc Chair와 아르네 야콥센의 '앤트 체어'Ant Chair는 두 사람의 대표작이다. 이 두 의자를 수많은 데니시 모던 명작 중 최고라고 꼽는 데는 이견이 있을 수 있지만, 이 두 의자는 데니시 모던의 폭넓은 스펙트럼을 살펴보기에 부족함이 없는 매우 중요한 작품임에 틀림없다.

'더 체어'는 한스 웨그너의 대표작으로, 그의 독보적 목공기술이 예술적 유기체로 집약된 작품이다. 일단 대단히 간결하다. 사람이 앉을 수 있는 기능 이외에 어떤 군더더기나 미사여구를 찾아볼 수 없다. 특히 수직 부재에서 수평 부재가 하나의 유기체로 통합되는 낮은 등받이와 팔걸이 디자인이 의자의 백미인데, 간결하면서도 물 흐르듯 부드럽다. 이 작업을 가능하게 한 것은 아주 정교하고 완숙한 목공 장인의 기술과 전문성이었다. 한스 웨그너가 세계 최고의 가구 장인으로 불리는 이유가 여기에 있다.

의자의 원래 이름은 '더 체어'가 아니었다. 한스 웨그너가 붙인 원래 이름은 라운드 체어Round Chair였는데, 라운드 체어가 미국에서 전시된 후 한 가구 디자인 잡지가 이 의자를 'The Chair'라고 소개했다. 미국 평론가들이 라운드 체어가 의자의 궁극에 도달했다고 생각했기에 붙인 이름이다. 이때부터 한스 웨그너의 이 소박하게 보이는 의자는 '더 체어'로 불리기 시작했다. 1960년 '더 체어'는 다시 한번 언론의 주목을 받는다. 존 F. 케네디와 리

더 체어. 4개의 곧은 다리는 의자 시트부와 등받이 손잡이를 강직하게 받치고 있다. 한스 웨그너는 한 인터뷰에서 이 라운드 체어를 두고 "이 의자는 수백 년 전에도 만들어질 수 있었습니다. 이 의자에서 새로운 것은 하나도 없습니다"라고 했다. 이 말에서 전통 목공예에 대한 존중과 디자인에 대한 그의 태도를 읽을 수 있다. ⓒ P. P. Møbler

앤트 체어. 데니시 모던 디자인은 의자의 형태적 아이디어를 자연에서 얻는 경우가 종종 있는데, 특히 동물의 모습을 닮은 디자인이 많다. 공작새, 곰, 황소, 메뚜기 같은 온갖 동물이 다 등장한다. 아르네 야콥센 역시 자연의 모습에서 영감을 받아 많은 작업들을 했는데, 물방울 떨어지는 모습을 한 드롭 체어부터 스완 체어, 에그 체어, 기린 체어까지 다양하다. 그중 앤트 체어가 유독 대중에게 사랑받는 이유는 한번 보면 잊히지 않는 실제 개미가 떠오르는 강렬한 인상과 친근함에 있다. ⓒ Fritz Hansen

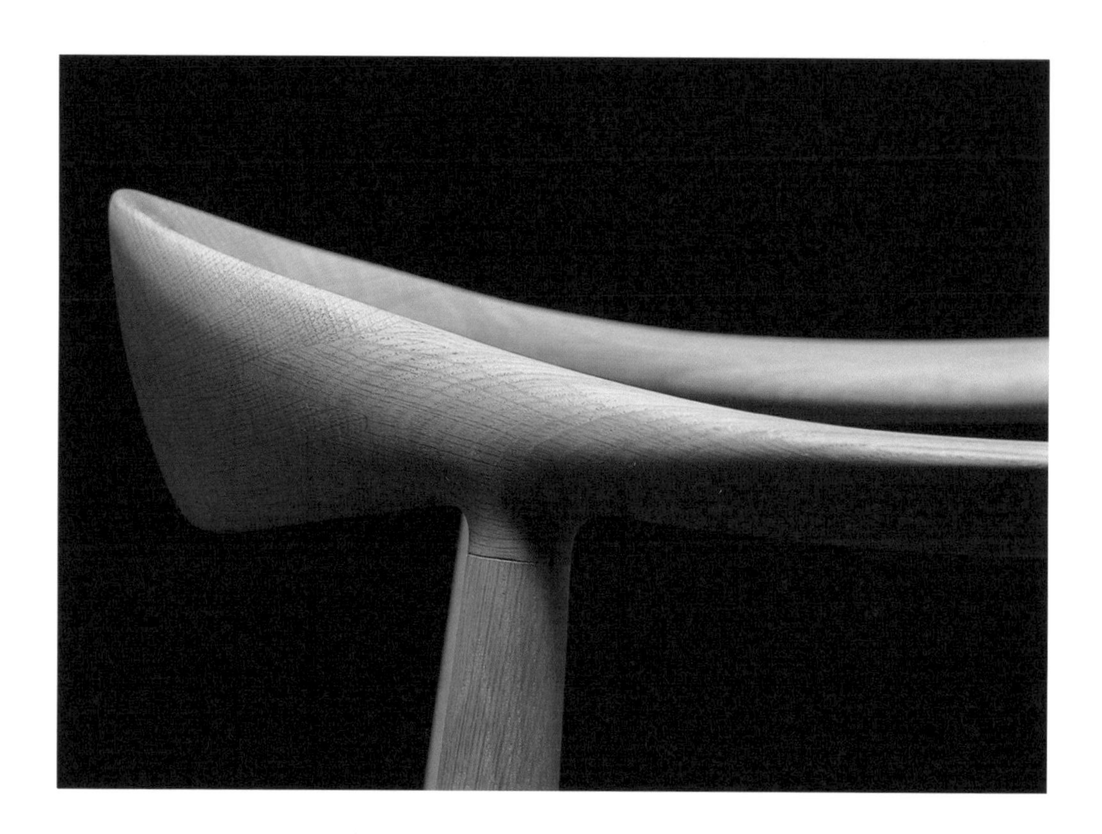

'더 체어'의 백미는 손받침대와 등받이를 일체화하는 정제되고 유기적인 조합이다. 이 조합은 하나의 통나무를 깎아 만드는 것이 아니라, 좌우 손받침대, 등받이 3개의 부재를 접합시켜 완성된다. 하나의 통나무로 만들 경우 통나무 사이즈가 너무 커져야 할 뿐만 아니라, 가공 역시 매우 어려워진다. 한스 웨그너는 의자의 유기적 형태와 내구성을 위해 3개의 부재를 W형태의 단면이 서로 맞물리는 방식으로 조합했다. '더 체어'는 겸손하면서도 위엄이 있다. 단순하지만, 수공예적 기술의 완성도에 자신이 없다면 생산이 불가능한 디자인이다.
ⓒ P. P. Møbler

처드 닉슨의 대통령 후보 첫 토론회에 '더 체어'가 사용되었기 때문이다. 케네디가 '더 체어' 위에 앉아 있는 사진이 미디어에 퍼지면서 '더 체어'는 금세 유명세를 얻었고 미국 사회에 데니시 모던을 널리 알린 덴마크 디자인의 아이콘이 되었다.

'더 체어'가 미국에서 큰 관심을 받았지만 초반부터 상업적인 성공을 거둔 것은 아니었다. 목공 장인으로서 한스 웨그너의 고집 때문이었다. 가령 미국의 한 레스토랑에서 400개의 '더 체어'를 주문하면, 한스 웨그너는 자신들의 작업 공정으로는 400개 제작은 불가능하다고 하며 주문을 반려했다. 이후 미국의 또 다른 가구제작회사가 그에게 가구 디자인을 의뢰하며 미국에서 생산하는 방식을 요청하기도 했다. 하지만 한스 웨그너는 그의 디자인은 오로지 덴마크 장인의 손에서만 구현될 수 있다는 이유로 거절했다. 이 일화는 한스 웨그너가 가구 생산 과정에서 장인정신과 목공예 기술의 중요성을 얼마나 강조했는지를 잘 보여준다.

아르네 야콥센의 앤트 체어Ant Chair는 여러 가지 면에서 한스 웨그너의 '더 체어'와 대척점에 있다. 앤트 체어의 주재료는 산업재료인 나무 합판과 금속재이다. 아르네 야콥센은 가격이 싸고 내구성 있는 나무 합판 같은 산업재료를 디자인의 출발점으로 삼았다. 값이 비싼 원목은 고려조차 하지 않았다. 원목을 주로 이용하는 한스 웨그너와는 출발점부터 다르다.

앤트 체어의 첫인상은 앉기에 편안해 보이기보다는 일단 무척 가볍다는 느낌을 준다. 조금은 과도하게 합판을 구부려 곡선으로 재단한 의자 뒤판은 이름처럼 개미 머리와 몸통을 연상시킨다. 크롬강으로 만들어진 얇디얇은 다리는 누가 봐도 개미 다리를 떠올린다. 처음 앤트 체어가 출시되었을 때 노인이나 과체중인 사람은 의자가 무너질까 봐 앉기를 꺼렸다는 후문이 있을 정도다. 비록 앤트 체어가 산업재료로 만들어졌다고 해서 무미건조해 보이지는 않는다. 오히려 등받이에서 좌판까지 미묘하게 휘어진 일체화된 합판은 겉으로는 크게 드러나지 않지만 앤트 체어를 하나의 유기체로 통합시키는 데 큰 역할을 하며 산업재료의 건조한 느낌을 지워낸다.

앤트 체어는 사실 아르네 야콥센이 이전에 디자인하였다가 생산 공정의 어려움 때문에 제품화하지 못하고 방치한 작품이었다. 그의 디자인을 구현할 합판 가공기술이 당시에는 부족했기 때문이다. 한 장의 합판이 연속적으로 휘어져 만들어내는 미묘한 3차원 면가공법은 일개 가구 제작자가 제품화하기에는 너무 리스크가 컸다.

덴마크의 제약회사 노보노디스크Novo Nordisk의 코펜하겐 사무실과 공장 설계를 하고 있던 아르네 야콥센은 건축주를 사무실로 초대하여 의도적으로 앤트 체어를 보여주었다고 한다. 건축주가 관심을 보이고 아르네 야콥센이 마침내 건축주를 설득하는 데 성공하여 앤트 체어를 대량생산할 수 있었다. 앤트 체어는 구내식당에 배치되었고, 결국 아르네 야콥센의 가장 유명한 작품이 되었다. 아르네 야콥센은 당시 기술의 현실적 한계를 대량생산이라는 방식을 통해 극복한 것이다. 그는 이후에도 새로운 건축 프로젝트를 수행할 때마다 그 건물에 맞는 새 가구나 실내용품을

덴마크 제약회사 노보노디스크 구내식당에 배치된 앤트 체어. 아르네 야콥센의 작업 중 앤트 체어가 지니는 또 하나의 의미는 실용성에 있다. 앤트 체어는 가볍고, 의자를 수직으로 겹겹이 쌓아놓을 수 있도록 디자인되어 있어 보관이 용이하고, 다양한 이벤트에 활용할 수 있다. 이런 다양한 활용도는 앤트 체어를 덴마크에서 가장 흔히 볼 수 있는 대중적 의자로 만들었고, 이것이 '더 체어'와 가장 다른 점이다. '더 체어'는 너무 애지중지 여긴 나머지 앉기조차 부담스러울 수 있다.
ⓒ Fritz Hansen

디자인하여 대량생산하고자 했다. 대량생산은 생산 단가를 낮출 수 있는 가장 좋은 방법이었기 때문이다.

생산 단가가 낮아져서 가능한 대량생산 과정은 아르네 야콥센에게 매우 중요했고, 그는 새로운 생산방식에 대한 연구를 꾸준히 진행했다. 디자인 형태는 대량생산에 적합하도록 고려되었다. 예를 들어 에그 체어, 스완 체어 등의 작품들은 몰딩이 가능한 원리에 근거하여 제작되었다. 산업 생산의 합리적인 생산 절차에 따라 불필요한 것들은 제거하고 부품의 수를 최소화하는 방법을 강구했다. 의자의 등받이, 좌판, 발걸이가 하나의 유기적 형태로 통합되어 있는 것도 그런 이유다.

가구의 대량생산에 거부감이 있던 한스 웨그너와 가구의 산업화에 집중한 아르네 야콥센은 데니시 모던을 이끈 중요한 두 축이었다. 한스 웨그너는 가구 제작자였던 반면, 아르네 야콥센은 국제주의 건축가였다. 한스 웨그너는 참나무 같은 원목을 사용해 원목의 장점을 십분 살릴 수 있는 디테일을 만들어내는 데 집중했다면, 아르네 야콥센은 합판이나 금속 등의 산업재료를 최대한 이용하려 했나. 한스 웨그너가 하나의 디자인을 끊임없이 수정, 발전시켜 가구 하나하나의 완성도에 다다르기 위해 집중했다면, 아르네 야콥센은 언제나 가구의 형태 실험을 통한 대량생산 및 산업화를 추구했다.

디자이너와 장인의 협업

두 사람이 거친 교육 과정은 달랐다. 당시 덴마크의 가구 디자인 관련한 대표적 교육시설은 두 가지로 나뉘었다. 기능주의에 영향을 받은 덴마크왕립예술학교Det Kongelige Danske Kunstakademi와 목공예 장인의 양성을 목적으로 목공기술에 집중한 코펜하겐공예학교Kunsthåndværkerskolen i København가 그것이었다. 아르네 야콥센은 덴마크왕립예술학교, 한스 웨그너는 코펜하겐공예학교 출신이었다.

건축가가 디자인하는 가구와 전문 목수가 제작하는 가구라는 상반되는 포지셔닝을 지닌 두 학교는 서로 배척하며 대립각을 세울 만도 했다. 하지만 두 학교는 배척하는 대신 상생하는 길을 걸었다. 둘 사이에 카레 클린트라는 인물이 있었기 때문에 가능한 일이었다. 덴마크 근대 가구의 아버지로 불리는 카레 클린트는 덴마크 디자인에 큰 영향을 미친 인물이다. 그는 덴마크 가구 디자인의 학문적 기초를 닦았으며 그에게 수학한 제자들은 다음 세대에 데니시 모던을 이끌게 된다. 한스 웨그너와 아르네 야콥센도 카레 클린트의 영향을 크게 받았다. 당시 덴마크왕립예술학교 가구 분과 학과장이었던 카레 클린트는 동시에 코펜하겐공예학교에도 영향을 미쳤다. 코펜하겐공예학교는 덴마크디자인뮤지엄 내에 있었는데, 카레 클린트는 그곳에서 거주하며 방대한 디자인 자료를 곁에 두고 연구와 조사를 진행했다. 그리고 그 옆에서 많은 제자들이 그의 연구를 도왔는데, 그러는 가운데 자연스럽게 덴마크왕립예술학교와 코펜하겐공예학교 학생들 간에 교류가 발생했다. 바로 그들이 훗날 데니시 모던을 이끄는 주역이 된다. 카레 클린트는 두 학교를 잇는 가교 역할을 하면서 두 학교 간 인적, 학문적 교류를 선도하고 후학을 양성했다.

이러한 학문적 교류는 결과적으로 데니시 모던에서 모더니즘의 기능주의와 전통적 장인정신의 상생을 가능하게 했다. 덴마크 디자인은 기능주의와 전통적 생산방식 사이에서 재료가 지니는 물성을 극대화할 수 있는 가공법과 부재와 부재 간의 좀 더 완벽한 결합방식에 대한 연구를 거듭하며 발전할 수 있었다. 데니시 모던이 성공할 수 있었던 배경에는 덴마크가 축적한 수준 높은 목공예 기술이 있었다. 덴마크 특유의 장인정신을 중시하는 전통은 목공 장인의 사회적 지위를 보장했다. 그 덕에 목공 장인들은 고급 인력을 확보할 수 있었고, 목공기술의 보전과 유지가 가능했다. 이런 분위기는 디자이너와 목공 장인 간에 좀 더 동등하고 밀접한 관계를 맺게 했다. 디자이너와 목공 장인의 긴밀한 소통은 데니시 모던이 디자인과 생산성이라는 두 마리 토끼를 잡을 수 있었던 중요한 요소였다. 그렇기 때문에 데니시 모던 가구 디자인의 성과를 이야기할 때 단순히 디자이너들에게만 공을 돌려서는 안 된다. 반드시 디자이너와 목공 장인 간의 대화와 소통의 결과물로 그 성과를 바라보아야 한다.

이는 한스 웨그너와 아르네 야콥센의 관계에서도 잘 나타난다. 서로 다른 목표를 가지고 있었지만, 두 사람은 서로 배척하지 않았을뿐더러 오히려 신뢰하는 관계였다. 아르네 야콥센이 에릭 묄러Erik Møller와 협업하여 오후스Aarhus 시청사를 설계할 때 실내에 들어가는 모든 가구의 제작을 한스 웨그너에게 일임한 것만 보더라도 그렇다. 당시 아르네 야콥센과 에릭 묄러는 오후스 시청사 프로젝트를 건축에서부터 가구 제작에 이르기까지 종합적 디자인으로 진행했는데, 두 사람은 코펜하겐공예학교에 재학 중이던 한스 웨그너의 능력을 알아보고 그에게 가구 및 실내 디자인 총괄직을 맡겼다. 당시 한스 웨그너의 나이는 스물네 살에 불과했다. 열네 살 때부터 가구 공장에서 실습하고, 열다섯 살 때

오후스 시청사.

스물네 살의 한스 웨그너가 담당했던 오후스 시청사의 가구와 실내 디자인. 1942년 완공한 오후스 시청사는 종합적 디자인으로 완성된 데니시 모던의 대표작 중 하나다. 시청사의 뛰어난 건축뿐 아니라 그 안에 있는 가구, 램프, 옷걸이 심지어 재털이까지 모두 함께 디자인되었다. 완공된 지 80여 년이 훌쩍 넘었지만, 지금까지 지속적인 보수 관리를 통해 여전히 사용되고 있고, 화재 알람 같은 새 설비를 설치할 때도 건축과 공간을 최대한 그대로 유지하기 위해 노력해왔다고 한다. 80여 년 전과 지금이 다른 점은 이제는 실내에서 담배를 피우지 못하기 때문에 남아 있는 재털이가 더 이상 사용되지 않을 뿐이다.

처음으로 의자를 만들고, 스물한 살 때부터 목공예 길드 박람회에 가구를 출품한 한스 웨그너였다. 그럼에도 덴마크에서 둘째로 큰 도시 오후스의 시청사를 설계하는 프로젝트에 가구와 인테리어 디자인 총책으로 스물네 살의 학생인 한스 웨그너를 임명한 아르네 야콥센의 안목 역시 대단했다고 볼 수 있다.

이 둘 만이 아니다. 데니시 모던을 이끌고 있던 거장들은 대부분 동지이자 친구였다. 덴마크라는 나라가 그리 크지 않으니 동종업계에 있는 사람들끼리의 활발한 교류는 어느 정도 이해할 만하다고 해도, 근대화 과정에서 과거의 사조를 배척하고 전복하려는 논쟁이 첨예했던 당시 국제 상황과 비교할 때 온화한 데니시 모던의 형성 과정이 특이했음은 분명하다. 그들은 전통을 배척하기보다는 상생하는 길을 택했다. '데니시 모던'의 힘은 이전 세대로부터 물려받은 문화적 자산에 대한 연구와 재해석의 기반 위에 있다. 데니시 모던은 급진적이지 않지만, 때로 한 명의 디자이너가 다양한 방식을 탐구한 결과물로, 때로 원형에 대한 후배 디자이너의 끊임없는 재해석을 통해 지금도 진화하고 있다.

1:100 scale

공동체 주거를 실험하다

가사 노동 서비스를 제공하는 공동주택

1915년 덴마크는 세계에서 다섯 번째로 여성의 참정권을 인정한 국가이며, 21세기 이후 역임한 네 명의 총리 중 두 명이 여성일 정도로 여성의 사회적 지위가 지속적으로 공고화되는 단계를 거치고 있다. 덴마크 내부에서는 여전히 부족하다는 인식이 많지만, 여성 인권의 신장을 위한 노력은 다른 나라와 비교해보아도 19세기 말부터 긍정적 방향으로 꾸준히 진행돼왔음을 부정할 수 없다.

덴마크에서 여성의 경제활동 비율은 2022년 기준 약 71.3퍼센트로, 주변 북유럽 국가들과 비슷한 수준으로 상당히 높은 편이다. 덴마크 사회의 세금제도, 양육제도 및 기타 사회제도는 맞벌이 가정을 기준으로 삼고 있다. 가령 한 가정에서 어느 한 명만 일을 해 100을 버는 가정과 남녀 둘이서 50씩 합하여 100을 버는 가정을 비교해보자. 두 가정은 동일한 수입을 얻게 되지만, 한 명이 100을 버는 가정의 세금이 둘이 50씩 버는 가정보다 더 높은 누진세율을 적용받기 때문에, 둘이 50씩 버는 가정이 세금을 훨씬 덜 내는 결과를 가져온다. 물가와 세금이 높아 아무리 돈을 많이 벌어도 저축이 쉽지 않은 사회 구조 속에서 두 가정의 세후 실제 수입의 차이는 삶의 질에 큰 영향을 미친다. 이쯤 되면 덴마크에서 맞벌이는 선택이 아니라 필수인데, 이를 위해서는 사회의 뒷받침이 필요하다. 이를테면 근무 시간의 유연성, 산후휴가의 부부 분할 사용, 육아 휴직제도 등은 결과적으로 여성의 경제활동 비율을 증가시키고 경력 단절을 최소화할 수 있다.

이런 사회라고 해서 육아가 더 수월해지는 것은 아니다. 특히 핵가족화된 현대 사회에서는 조부모(원가정)와 떨어져 살기 때문에 맞벌이 부부의 생활에서 자녀 교육과 가사 노동 부담은 배가 되기 마련이다. 이러한 문제에 대응하기 위해 새로운 건축의 필요성이 대두되는데, 당연하게도 이는 덴마크뿐만 아니라 전 세계에 해당되는 문제일 것이다.

산업혁명 이후 산업화와 자동화의 속도가 빨라질수록 '시간' 개념은 이전보다 훨씬 높은 가치로 인식되었다. 산업화에 투자되어야 할 생산 시간을 잠식하는 가사 노동에 대한 논의가 시작되었고, 19세기 이래 유럽 각지에서 어떻게 하면 가사 노동의 효율성을 높일 수 있을지에 대한 고민이 시작되었다.

프랑스의 사회주의 철학자 샤를 푸리에François Marie Charles Fourier는 19세기 초 매일 반복적으로 식사 준비를 해야 하는 여성을 가사 노동으로부터 해방시킬 수 있는 유토피아적 공동주택을 제안했다. 그가 팔랑스테르phalanstère라 이름 붙인 공동체 주거 유형은 약 1,800명이 함께 지낼 수 있는 개인 아파트와 다양한 공용 공간으로 구성된다. 특히 중앙집중형 주방은 세대원들에게 식사를 제공하고 공동으로 식사할 수 있게 함은 물론이고 세대별로 음식 배달까지 가능하게 하여 주민들의 가사 노동 부담을 줄이고자 했다. 하지만 푸리에의 유토피아적 구상은 그의 살아생전에는 이루어지지 못했다. 그 후 그의 이론을 바탕으로 중앙집중형 주방 및 공동식당이 함께 계획된 몇몇 공동주택이 프랑스나

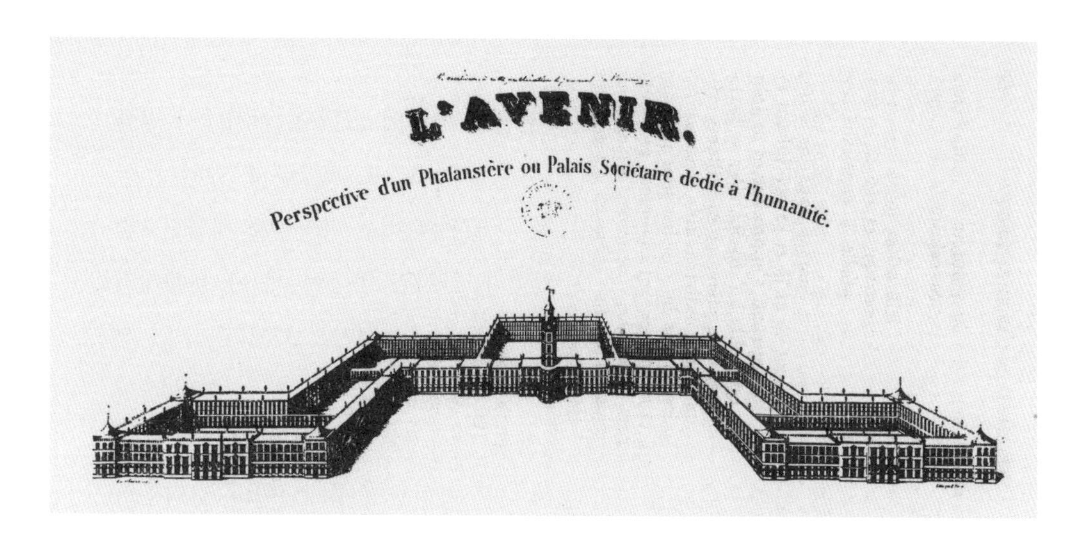

샤를 푸리에의 팔랑스테르 계획안. 팔랑스테르는 프랑스에서는 현실화되지 못했지만, 그의 사회주의적 공동생활에 대한 이론이 의외로 미국에 널리 퍼지면서 1940~1950년대 뉴저지의 노스아메리칸팔랑스North American Phalanx, 텍사스의 라레위니옹La Réunion 등의 생활 공동체가 생겨났다. 하지만 지속가능하지 못한 운영방식, 내부 분열 등의 이유로 모두 얼마 안 가서 해체되고 만다.
Wikimedia Commons

미국에서 지어졌지만, 그마저도 참여 부족으로 인해 오랫동안 지속되지 못했다.

중앙집중형 주방을 가진 공동주거 형태가 19세기 후반 런던에서 완전히 다른 모습으로 등장했다. 이는 마치 호텔과 같은 서비스를 각각의 세대에 공급하는 소위 '럭셔리' 주거 컨셉으로 부유층을 대상으로 하는 주거 상품이었다. 이 중 1873년 완공된 퀸앤스 맨션스Queen Anne's Mansions는 당시 영국에서 가장 높은 14층 건물로 지어졌고, 당시만 해도 흔치 않던 엘레베이터도 갖추고 있었다. 그곳에는 중앙집중형 주방이 있었고, 거기에서 만들어진 음식은 각 세대에 케이터링 서비스로 제공될 수 있었다. 상류층 사람들이 서로 교류할 수 있는 값비싼 가구들로 채워진 1층 리셉션홀과 레스토랑도 있었다. 하지만 영국이 제2차 세계대전에 참전하게 되면서 퀸 앤스 맨션스는 오래가지 못했다.

사회 격변기인 19세기 말에 그려진 이상적인 삶, 여성의 가사 노동에서의 해방이라는 목표를 달성하기 위해 제안된 주거 형태는 이데올로기에 따라 전혀 다른 방향으로 전개되었다. 사회주의자 샤를 푸리에가 제안한 팔랑스테르와, 자본주의 최상위 특권층만이 누릴 수 있었던 퀸 앤스 맨션스는 중앙집중형 주방이라는 건축 아이템이 이데올로기 필터를 거치면서 서로 다른 결과물을 만들어낸 사례이다.

덴마크는 어떠했을까? 20세기 초반 덴마크에서도 중앙집중형 주방이 설치된 공동주택이 코펜하겐과 오후스 시내를 중심으로 생겨났다. 그중 코펜하겐의 사립학교 교장이었던 오토 픽Otto Fick은 중앙집중형 주방과 세탁 서비스가 있는 중산층을 위한 공동주택을 1903년 최초로 기획하였으나, 그의 공동주택 실험 역시 오래 지속되지 못했다. 건물 관리와 가사 노동 서비스 비용이 중산층 노동자가 감당하기에는 너무 컸기 때문이다. 덴마크의 다른 지역에서도 비슷한 사례가 있었지만, 오래가지 못한 것은 마찬가지였다.

지금까지 언급한 중앙집중형 주방을 가진 공동주택은 건축을 가사 노동 서비스를 제공하는 하나의 시스템으로 간주했다. 가사 노동 서비스는 운영자가 주민들에게 대가를 받고 일방향적으로 제공하는 구조였지만, 관련 서비스 만족도는 개개 주민들마다 달랐을 것이다. 만족도를 높이기 위해 서비스의 질을 높이면 관련 비용이 함께 높아지는 구조였기에 사업은 지속적으로 유지되기 어려웠다. 게다가 이런 일방향적 가사 노동 서비스는 주민들 간의 공동체의식을 돈독히 하는 데 영향을 미치지 못했다.

공동체 삶과 독립적 일상의 균형

1960~1970년대는 프랑스 68혁명, 베트남 반전운동, 물질문명을 거부하는 히피 문화 등으로 대변되는 사회 격변의 시대였다. 이 움직임은 모두 기성세대가 만든 사회 구조에 대한 반발로부터 비롯되었다. 당시 젊은 세대 사이에서는 기성세대가 만든 사회에 대한 불신이 만연했다. 그들은 기존 사회 및 가족 체제에 대한 대안적 사유를 공유했고, 이들이 함께 모여 사는 '코뮌'commune이라 불리는 새로운 공동체가 전 세계 곳곳에 형성되었다.

코뮌은 구성원들이 공유하는 이상향에 따라 각기 다른 모습을 띠었다. 그중 '무정부주의'를 지향하는 히피 공동체는 보편적으로 극단적 개인주의를 강조해 단체생활에 대한 실질적 지침이 없었다. 원하는 사람들 모두 참여가 가능했고, 가족이라는 관습적 틀에 구애받지 않았기 때문에 가사 노동과 육아가 공동으로 이루어졌다. 대부분의 코뮌은 자본으로부터 자유롭기 위해 도시와는 떨어진 외딴곳에 공동 주거지를 만들었다. 이렇다 보니 식수나 전기 등의 사용이 제한적이어서 기본 생활이 불편한 것은 보통이었다. 공동체를 유지하는 규범이 없다 보니 약물 남용과 난교가 성행했고, 구성원들 사이에서 노동 배분의 형평성에 대한 불만 및 불신이 쉽게 생겨났다. 무정부주의 및 개인주의를 지향하는 공동체는 결국 그리 오래가지 못했으며, 1980년대 대부분의 코뮌은 모습을 감추었다. 개인주의와 공동체라는 상반된 개념이 단지 '자발성'에 의존해 공존하기에는 무리가 따랐을 것이다.

미국은 히피 문화의 출발점이자 중심이었다. 1960~1970년대 미국에 존재하던 코뮌의 수는 비공식적으로 2,000~3,000곳에 이르렀다. 그런데 미국보다 코뮌이 더 활발하게 형성된 나라가 있었으니, 바로 덴마크다. 덴마크는 당시 비공식적으로 1,000여 곳의 코뮌이 존재했다. 인구수 차이를 감안하면 깜짝 놀랄 만한 높은 수치가 아닐 수 없다. 덴마크의 코뮌은 구성방식에서도 미국의 코뮌과는 사뭇 달랐다. 덴마크의 코뮌은 무정부주의적이거나 탈사회적 경향이 미국의 코뮌에 비해 적게 나타났다. 대부분의 덴마크 코뮌에서 그 구성원은 중산층 및 지식인의 비중이 상대적으로 높았으며, 환경운동이나 남녀평등, 좌파 정치이념적 공동체의 성격이 강했다. 주거지는 도시나 근교에서 건물을 임차하는 방식으로 마련되었다. 코뮌이 교외에 있는 경우라도 대부분 다른 코뮌들 인근에 무리지어 위치했고, 코뮌 간 교류도 가능했다. 하지만 덴마크 역시 코뮌의 공동 자산, 프라이버시 침해 등의 문제가 공동체 지속을 어렵게 한 것은 마찬가지였다.

이 와중에 미국 하버드대학에서 석사 공부를 마치고 덴마크로 막 귀국한 젊은 건축가가 있었는데, 불과 스물네 살에 불과했던 얀 구드만-효어Jan Gudmand-Høyer였다. 그는 미국 유학에서 다수의 코뮌을 경험하면서 상상했던 새로운 형태의 주거방식을 모국인 덴마크에서 실험하고자 했다. 그가 제안한 주거 형태는 공동체의 이상과 단독주택에서 누릴 수 있는 삶의 질을 결합하는 것이었다.

그는 새로운 공동체의 삶을 꿈꾸는 사람들을 설득하여, 실제로 대지를 매입했다. 시에서 주거 실험에 대한 지원까지 약속받는 등 그의 이상은 생각보다 쉽게 실현되는 듯했지만, 인근 주민들의 반대에 부딪혀 결국 매입한 땅을 다시 팔고 계획은 원점으로 돌아갔다. 뜻을 굽히지 않은 얀 구드만-효어는 1968년 「유토피아와 낡은 단독주택 사이의 잃어버린 고리」The Missing Link Between Utopia and the Dated One-Family House라는 제목의 사설을 신문에 게재했고, 그의 글은 작지 않은 반향을 일으켰다. 그에게 공감한 100여 명의 사람들이 코펜하겐에서 북쪽으로 30여 킬로미터 떨어진 교외에 대지를 구입하여 공동체를 이룰 프로젝트를 함께 시작한다.

설계는 얀 구드만-효어가 담당했지만, 프로젝트는 공동체 구성원들과 아이디어를 모아 진행했다. 전체 단지는 33개의 단독주택을 흩뿌려놓고 그사이에 한 동의 커뮤니티 하우스가 배치되는 계획이었다. 주민들은 커뮤니티 하우스에서 함께 요리하고 청소

얀 구드만-효어가 초창기에 참여한 최초의 공동체 두 곳 중 하나인 스크라플라늘(1974년 완공)은 현대적 공동체 주거의 최초 사례이다. 스크라플라늘은 아직도 공동체가 유지되고 있으며, 33세대가 함께 살고 있다. 공동 노동과 주민 이벤트의 모습에서 볼 수 있듯이, 공동체 유지는 주민들의 참여를 기반으로 한다.

하고 육아하고 건물 관리도 했다. 기존 코뮌과 다른 점은 주민들이 자기만의 독립된 주택을 가지고 있었다는 것이다. 각 주택은 150제곱미터 크기로 상당히 넉넉한 공간을 가지고 있고, 개별적으로 식사할 수 있는 주방도 있었다. 공동체의 삶과 가족생활의 독립성 사이에서 균형을 이룬 건축 계획이었다. 이와 같이 교외에 위치하며 공동체의 이상을 공유하면서 독립적인 일상도 누리고 싶은 사람들이 모여 사는 저층 단독주택 군집 유형을 덴마크어로 보펠레스캡bofællesskab이라고 부르게 되었는데, 이것이 흔히 코하우징이라고 불리는 최초의 현대적 공동체 주거 모델이었다.

공동체 주거는 출생률을 높일 수 있을까

덴마크의 공동체 주거 모델은 1973년 오일쇼크 이후 경제 불황과 그에 따른 복지정책의 후퇴를 맞이하게 된 상황에서 대안적 주거 형태로 큰 관심을 끌었다. 공동체 주거 모델은 당시 사회주택 수를 늘리기에는 한계가 있었던 정부에서 조합주택 등의 형식으로 허가를 내주었는데, 정부의 지지정책과 맞물려 덴마크 전역에서 계속 생겨났다. 덴마크 공동체 주거 모델의 가치가 큰 주목을 받게 되자 곧 다수의 프로젝트들이 주변 북유럽 국가뿐 아니라 미국 등지에서 동시다발적으로 진행되었다. 이 공동체 주거 모델은 덴마크에서 시작되어 해외로 수출된 사례라 할 수 있다.

공동체 주거는 단독주택의 군집 유형으로 국한되지 않는다. 도심 중정형 건물에 존재하기도 하고, 다수의 개별주택이 합벽을 이루어 길게 배치되는 덴마크의 주거 유형인 레케후스의 모습을 띠기도 한다. 이 중 덴마크 여성 건축가 도르트 만드루프Dorte Mandrup가 설계한 코펜하겐 외곽 헤르스텔룬드Herstedlund 공동체를 최근 사례로 소개하고자 한다. 헤르스텔룬드 공동체 주거는 54세대가 공동 출자해 실현될 수 있었다. 많은 수의 가구가 모여 프로젝트를 진행하다 보니 협의 절차가 다소 더뎠지만, 공무원, 은행원, 목수 등 다양한 직업의 사람들이 서로 자문 역할을 맡아 여러 문제들을 해결하면서 프로젝트를 진행할 수 있었다고 한다.

주민 공용시설은 입주 주민들이 회의를 거쳐 결정했다. 주민들이 함께 식사할 공동 식당과 주방은 물론이고, 아이들이 뛰어놀 수 있는 중정 놀이터, 어린이 실내 놀이방, 카페, 심지어 극장까지 마련해 주민들이 여러 가지 활동을 함께 하며 소통할 수 있는 장을 만들었다. 그 외에 주민들이 같이 일할 수 있는 작업실과 물건을 공유할 수 있는 재활용 창고까지 마련하는 등 실용성도 잊지 않았다.

헤르스텔룬드 공동체에서 공동체 생활을 할 수 있는 공간만큼 중요한 것이 그것을 유지하는 공동체 주거 내 규약이다. 이 공동체에서는 공동 노동이 약간의 강제성을 띤다. 모든 주민이 노동에 참여한다는 전제하에 공동체를 구성했기 때문이다. 계획 단계부터 단단해진 협의 체계는 공동체 주거를 유지, 관리하는 데 더욱 빛을 발한다. 주민들은 맡은 임무에 따라 공용시설을 나누

나는 헤르스텔룬드 공동체 주거의 식사시간에 초대받아 주민들과 함께 식사를 한 적이 있다. 이런 환경에 익숙지 않던 나는 아이들이 많고 시끄러워서 밥이 입으로 들어가는지 코로 들어가는지 모를 정도로 정신이 하나도 없었다.

어 관리한다. 예를 들어 저녁식사는 5일마다 주민들 중에서 그 주의 요리사를 정해 준비한다. 정해진 순서에 따라 요리사의 임무를 부여받은 주민은 5일 동안의 메뉴를 짜서 3~5일 전에 커뮤니티 인트라넷에 공지한다. 반드시 함께 식사를 할 필요는 없다.

원한다면 음식을 자기 집으로 가져가 따로 먹어도 된다. 생산자 직영의 신선한 식재료를 훨씬 싼 가격으로 공급받기도 한다. 요리하는 정성은 자기 가족들이 먹을 음식을 요리하는 것이니 물을 필요도 없다. '이웃집 숟가락 개수까지 알고 있다'는 우리의 씨족 사회보다 더한 '이웃과 숟가락을 공유하는' 공동체라고 해도 과언이 아니다.

헤르스텔룬드 공동체는 2~3개 층의 개별주택들이 합벽을 이루어 하나의 큰 중정을 이루고 있다. 이 중정에서 아이들은 이웃들과 함께 섞여 집 앞에서 맘껏 뛰어놀 수 있다. 아이들이 온종일 함께 놀다 보니 아이의 사회성을 키우는 데 좋은 환경일 수밖에 없다. 물론 아이를 키우는 부모에게도 이상적이다. 아이가 건물 어디에 있더라도 안심할 수 있다. 아이를 키우기 좋은 환경은 다시금 이 공동체를 지속할 수 있게 하는 원동력이 된다. 실제 전체 54세대, 250여 명이 살고 있는데, 많은 수가 젊은 커플들이며 대부분이 평균 3명 정도의 자녀를 두고 있다고 한다. 그들이 이

헤르스텔룬드 공동체 주거의 공용시설들. 공동체 주거 내에는 공용주방, 공용작업실, 공용정원, 놀이방, 더 이상 쓰지 않는 아이들 옷가지와 장난감을 공유할 수 있는 공용창고 등 다양한 시설이 있다.

곳에 입주할 무렵에는 아이들이 얼마 되지 않았는데, 아이 가질 생각이 없던 커플들이 마음을 바꿔 2~3명의 아이를 두게 되면서 아이들 수가 크게 늘었다. 덴마크 출생률은 무서울 정도로 감소하고 있는 한국 출생률에 비하면 아직 양호한 편이지만, 590만 명 정도의 적은 인구를 감안하면 저출생은 외면할 수 없는 사회문제다. 그러나 적어도 이곳 헤르스텔룬드 공동체는 현대 사회가 안고 있는 저출생 문제에서 벗어나 있는 듯하다.

역사가 남긴 상상의 흔적들

19세기는 코펜하겐에게 변화의 시대였다. 전제 군주정이 막을 내리고 자유에 대한 인식이 시민들 사이에서 빠르게 확산하고 있었다. 사회 이데올로기의 전환과 급격한 도시화 과정 속에서 소비문화에도 변화의 움직임이 보이기 시작했다. 상류층뿐 아니라 일반 서민들에게도 의식주를 해결하는 데 급급한 상황에서 벗어나 문화를 소비할 기회가 서서히 생겨났다. 대중문화가 사회 전반으로 보급되려는 참이었다.

당시 코펜하겐 사람들이 가장 열광한 문화 소비의 대상 중 하나는 동양 문물이었다. 동양 문물에 대한 관심은 흔히 말해 오리엔탈리즘이라 불리는 문화 트렌드로서 상류 지식인층부터 일반 서민들에게까지 널리 퍼져 있었다. 사람들은 사진을 통해 동양의 도시를 간접 체험하는 것이 가능해졌다. 커피, 차, 담배 같은 기호품에서 소품, 옷, 가구, 인테리어 장식에 이르기까지 동양 문물은 덴마크 사람들의 생활 전반에 영향을 미쳤다. 상류층과 지식인층은 앞다투어 오리엔트 문화를 직접 체험하기 위해 동쪽으로 여행을 떠났고, 돌아와서는 경험담이나 수집품들을 남들에게 과시하는 것이 유행이었다.

오리엔탈리즘은 단순한 소비문화에 머물지 않고 19세기 덴마크의 문학, 음악, 미술, 건축 등에 꽤 큰 영향을 주었다. 예를 들어 아담 욀렌슐레게르Adam Oehlenschläger가 쓴 희곡 『알라딘과 요술

램프』는 1805년 덴마크에서 연극으로 상연되어 대단한 성공을 거두었다. 『알라딘과 요술램프』는 덴마크 사람들에게 미지의 동양세계에 대한 관심을 증폭시킨 사례로 흔히 언급된다. 극의 내용은 물론이거니와 중동의 바자르를 굉장히 화려하고 아름답게 표현한 무대 배경은 미지의 세계에 대한 당시 덴마크 사람들의 상상력을 자극하기에 충분했기 때문이다.

이때 폭발했던 미지의 세계에 대한 상상력은 기호와 상징에 그치지 않고, 구조물, 건물, 장소로까지 뻗어나갔으며 지금까지 코펜하겐 곳곳에 파편적으로 남아 있다. 예를 들어 코펜하겐 발뷔Valby 지역에 위치한 칼스버그Carlsberg 맥주 양조공장은 하나의 거대한 상상력의 군집체이다. 야콥센 가문은 당대 건축가들에게 양조공장 건축을 의뢰하여 건물의 개성을 살리고자 했으며 디자인에 깊이 관여하기도 했다. 건물들은 다양한 건축양식을 적절하게 혼합하여 조화를 이루고자 했던 절충주의의 영향을 받았는데, 동서양의 건축과 장식 및 기호를 뒤섞은 매우 특별하고 이국적인 디자인이었다.

칼스버그 맥주 양조공장의 인상적인 모습 뒤에는 복잡한 가족사가 얽혀 있다. 칼스버그의 창업자 J. C. 야콥센과 그의 아들 카를 야콥센Carl Jacobsen 간 애증의 이야기는 칼스버그의 사업뿐 아니라 코펜하겐에도 큰 영향을 미쳤다. J. C. 야콥센은 평평한 도시 코펜하겐에서는 보기 어려운 언덕berg에 그의 양조공장이 위치했기에 아들 카를Carl의 이름을 앞에 붙여 '카를의 언덕'이라는 의미에서 칼스버그Carlsberg라고 양조공장 이름을 지을 정도로 아들을 사랑했다. 그런데 아들 카를이 나이가 들어 아버지 사업에 참여하면서 둘 사이에 금이 가기 시작했다. 소량생산과 고품질 양조방식을 고집하는 아버지와 대량생산과 산업화를 추구하는 아들 간의 이견이 좁혀지지 않아 서로 불만이 생겼다. 결국 카를은 아버지로부터 독립하여 그가 바라는 새 양조방식 시스템을 갖춘 '새로운 칼스버그'라는 뜻의 뉘칼스버그Ny Carlsberg를 설립하고, 아버지와 아들은 각자의 방식으로 회사를 운영하게 된다.

흥미로운 점은 이 부자가 양조 분야에서의 경쟁뿐 아니라 예술적, 사회적 기여 면에서도 서로 경쟁을 펼쳤다는 것이다. 원래부터 예술에 관심이 많았던 부자는 각자의 양조공장에 각별한 애정을 쏟아부었는데, 당시 내로라하는 건축가들로 하여금 새로 양조공장을 짓게 하여 누가 더 멋진 양조공장을 짓는지 눈에 보이지 않는 경쟁을 했다. 또 두 사람은 자신들의 재단을 설립하여 학술, 과학, 예술, 문화 프로젝트를 지원하는 데도 열정적이었다.

특히 아들 카를 야콥센은 아버지에 대한 비토veto 정서에 기반하였는지는 모르지만, 건축 및 예술 분야에 좀 더 화끈한 지원을 아끼지 않았다. 그가 평생 수집한 예술 컬렉션을 전시하기 위해 뉘칼스버그 글립토텍 미술관Ny Carlsberg Glyptotek을 짓는가 하면, 교회 건축, 공공예술 프로젝트에 지원을 하는 등 다양한 방식으로 사회에 기여하고자 했다. 아버지와 아들의 미묘한 경쟁의식은 결과적으로 부의 사회 환원이라는 긍정적 방식으로 작용하기도 했다. 다행히 아버지 J. C. 야콥센이 죽기 전 두 사람은 화해를 했고, 신·구 칼스버그를 합병하여 현재의 칼스버그 그룹의 기틀이

코끼리 네 마리가 떠받치고 있는 뉘칼스버그 양조공장 정문의 모습.

완성되었다.

아들 카를 야콥센이 공을 들인 뉘칼스버그 양조공장의 초입에 들어서면 코끼리 모습이 가장 눈에 띈다. 엘리펀트 게이트라고 불리는 이 건물은 뉘칼스버그 양조공장의 입구로서 그에 어울리는 특이한 형상을 하고 있다. 당시 가장 왕성히 활동했던 건축가 빌헬름 달레루프Vilhelm Dahlerup가 설계한 건물로서, 거대한 코끼리 네 마리가 전체 건물을 떠받치며 입구를 장식하고 있다. 코끼리는 불교, 힌두교 등의 종교에서 그리고 아프리카, 인도 등지에서 종교적 혹은 신화적 의미를 띤 동물로서, 보는 사람으로 하여금 신성한 느낌을 준다. 이런 코끼리 등 위에 있는 건물도 범상치 않다. 르네상스식 좌우 대칭의 형상에 동양적인 지붕이 얹혀져 있고, 바로크적 요소도 찾아볼 수 있다. 동서양이 뒤섞인 여러 다채로운 문양들이 건물을 장식하고 있으며, 이런 과장된 양식의 혼재는 단순히 기묘함을 넘어 어떤 신성함까지 발산해낸다.

덴마크에서 코끼리의 의미는 좀 더 특별하다. 왕실에서 부여하는 덴마크 코끼리 훈장Elefantordenen은 덴마크에서 가장 높은 권위를 자랑한다. 코끼리 훈장은 황금탑을 등에 얹고 있는 흰색 코끼리의 모습을 하고 있는데, 카를 야콥센은 분명 이 코끼리 훈장을 오마주하여 공장 정문에 코끼리상을 배치했을 것이다. 덴마크에 코끼리가 있을 리 만무하다. 그럼 덴마크에서 코끼리가 자주 등장하는 이유는 무엇일까? 코끼리는 유럽에서 용기, 충성심, 지혜로움을 상징하는 동물이다. 또 십자군전쟁 이래 이슬람 세계에 대한 호기심과 정복 욕구를 함축하는 대상이다. 나폴레옹전쟁 패전으로 영국에 영유권을 빼앗겼지만, 덴마크는 인도 일부 지역을 200여 년 동안 식민 지배하기도 했다. 그렇기에 코끼리는 예전 드넓었던 덴마크의 식민지를 회상케 하는 대상이기도 했을 것이다. 이런 시각에서 보자면, 뉘칼스버그 양조공장의 네 마리 코끼리상은 암흑의 시대이자 변화의 시대였던 당시 덴마크 사회의 단면을 보여준다고 할 수 있을 것이다.

이런 19세기의 시대 상황이 압축되어 폭발한 장소가 있는데, 바로 현재 코펜하겐 도심 한복판에 자리 잡고 있는 테마파크 '티볼리 공원'Tivoli Gardens이다. 티볼리 공원은 현재까지도 매해 300만~400만 명이 찾는 유럽에서 가장 널리 알려진 테마파크 중 하나다. 미국의 월트 디즈니가 디즈니월드를 만들 때 벤치마킹했을 만큼 티볼리 공원은 테마파크의 오래된 원형이다. 제2차 세계대전 당시 몇몇 건물이 훼손되긴 했지만 1843년 문을 연 이후 여전히 코펜하겐의 연인들과 어린이들에게 사랑받는 장소이다. 덴마크에는 티볼리 공원 외에 1583년 문을 연 세계에서 가장 오래된 테마파크인 바켄 공원Dyrehavsbakken도 남아 있다. 그럼에도 티볼리 공원이 바켄 공원에 비해 더 큰 의미를 지니는 것은 덴마크의 근대화가 진행 중이던 19세기의 복잡한 시대상이 티볼리 공원 곳곳에 녹아 있고, 오늘날까지 코펜하겐 한복판에서 그것을 경험할 수 있기 때문이다.

앞서 말했다시피, 19세기 초중반 덴마크는 사회적 암흑기를 겪고 있었다. 현실 속에서 고통받고 있는 덴마크 사람들로 하여금 현실을 잊게 하는 최고의 방법은 역설적이게도 놀이와 유희였다. 이를 가장 재빠르게 인지한 사람은 게오르그 카르스텐센Georg Carstensen이었다. 그는 부유한 외교관의 자녀로 태어나 어린 시절을 북아프리카에서 보내고 덴마크로 건너와 법 공부를 마치자마

초창기 티볼리 공원 공연장의 모습(1876). 티볼리 공원의 초창기 모습은 거의 남아 있지 않다. 건축가 크누드 아르네 페테르센Knud Arne Petersen이 1899년부터 40년간 티볼리 공원의 건축 및 예술 감독을 역임하며 티볼리 공원은 현재의 모습을 갖추었다.
Wikimedia Commons

자 다시 세계 여행에 몰두한다.

덴마크로 되돌아온 그는 세계 여행에서 얻은 경험을 바탕으로 새 사업을 시작했다. 작가 안데르센과 막역한 사이였던 그는 안데르센과 함께 덴마크 최초의 주간지를 출간한다. 그는 구독자를 위한 파티를 자주 개최하면서 당시 코펜하겐의 주류 계층의 생각과 취향을 읽을 수 있었다. 이를 통해 그가 떠올린 새 사업은 바로 사람들에게 판타지를 파는 것이었다. 사람들이 가보지 못한 미지의 세계를 스스로 상상할 수 있게 해주는 대가로 입장료 수입을 올린다는 아이디어였다. 게오르그 카르스텐센은 크리스티안 8세를 만나 놀이에 빠진 시민들은 정치에 관심을 기울이지 않을 것이라고 설득했다. 결국 그는 코펜하겐 성곽 바로 바깥에 티볼리 공원 건설 허가를 받게 된다. 사업은 대성공이었다. 티볼리 공원 개장 직후 첫 번째 일요일에 당시 10만 명 정도였던 코펜하겐 인구의 10분 1이 다녀갔을 정도였으니, 얼마만큼 선풍적인 인기를 끌었는지 짐작할 만하다.

제2차 세계대전 당시 폭격당한 티볼리 공원 내 님브 호텔Nimb Hotel의 모습. 님브 호텔은 이슬람 무어 건축양식을 그대로 가져왔으며, 현재까지 5성급 호텔로 운영되고 있다.
ⓒ Danish National Museum

티볼리 공원이 개장했을 무렵, 19세기 중반의 파리나 런던 같은 유럽 열강의 대도시는 코펜하겐과 사뭇 다른 사회 분위기 속에 있었다. 대도시들은 빈부 격차나 계급 간 대립 등 심각한 사회적 갈등을 겪고 있었지만, 동시에 대도시화, 모더니즘의 새 시대정신, 기술 발전에 대한 확고한 신념으로 유토피아적 미래 사회를 향한 에너지가 넘쳐흘렀다. 모두 식민지 건설로 얻은 막대한 이익과 산업혁명을 통한 산업 경제의 발전 때문이었다.

1851년 제1회 만국박람회를 개최하기 위해 건립된 런던의 '수정궁'과 19세기 중후반 무렵까지 파리 시내 100여 곳에 만들어진 '아케이드'는 19세기 유럽 대도시의 모더니티를 대표하는 공간이었다. 런던의 수정궁은 무려 563미터 길이의 엄청난 규모로 지어져 그 안에 온갖 새로운 제품과 신기술을 전시했다. 아케이드는 기존 도시 공간에 바닥을 대리석으로 깔고 유리로 된 천장을 덮어 외부 공간을 고급스러운 내부로 전환시켜, 파리의 상류층이 일반 시민들과 섞이지 않고 쇼핑을 하며 시간을 보낼 수 있도록 만들어졌다. 모두 당시 산업문명을 대표하는 건축재료인 철과 유리를 사용했다. 수정궁과 아케이드는 사람들을 소비자로 간주하고 그들을 바깥 현실세계와 분리시켜 상품 소비에 집중할 수 있도록 만든 공간이었다. 소비 사회와 미래에 대한 판타지를 실제 눈으로 보고 경험할 수 있는 집단적 유희의 장소였다.

티볼리 공원은 겉모습은 다르다 할지라도 도시의 유희 장소로서 수정궁이나 아케이드와 비슷한 기능을 했다. 티볼리 공원은 여러 가지 판타지적 경험을 상품으로 재탄생시켜 판매하는, 군중의 집단적 유희의 장소였다. 단지 근대 산업을 상징하는 철과 유리가 티볼리 공원에서는 동양의 건축양식으로 대체되었을 따름이다. 티볼리 공원 내부와 바깥 현실세계를 좀 더 극단적으로 괴리시키는 방법을 통하여 군중들이 그곳에 들어서는 순간 현실은 잊은 채 상품과 서비스에 집중하도록 했다.

티볼리 공원 내부는 현실과는 완전히 다른 세계로 계획되었다. 당시 유행하던 동양의 문물들을 끌어모아 최대한 이국적으로 꾸미고, 밤마다 불꽃놀이가 이어졌다. 중국 건축양식의 야외 극장, 동양식 정원, 이슬람 사원의 첨탑과 돔, 타지마할과 알함브라 궁전을 연상시키는 이슬람 궁전 등이 화려한 조명 아래 펼쳐졌

티볼리 공원 안에 있는 일본풍 파고라(퍼걸러)와 롤러코스터. 1900년 일본 사원 건축을 그대로 모방한 일본풍 파고라가 지어졌으며, 아직도 그 모습을 그대로 간직하고 있다. 출판과 사진이 지금처럼 대중화되어 있지 않던 시대의 사람들이 뜬금없는 동양식 건축물을 보고 느꼈을 충격과 호기심을 상상해보자.

티볼리 공원의 가을. 티볼리 공원은 1년에 보통 세 번 개장을 한다. 4월 부활절 주간부터 9월까지 이어지는 여름 시즌, 10월부터 11월 초까지 가을 핼로윈 시즌, 11월 중순부터 연말까지의 겨울 크리스마스 시즌이다.

다. 사람들의 상상 속에서나 존재하던 장면들이 티볼리 공원에서 현실화되었다. 티볼리 공원은 미지의 세계를 탐험하고 싶은 사람들의 대리만족 공간이었고 판타지 자체였다. 눈에 보이는 것이 진짜건 가짜건 별로 중요하지 않았다. 사람들은 그들이 상상했던 것을 보는 것으로 경험을 대신하고, 또 흥분했다.

에드워드 사이드Edward W. Said가 그의 저서 『오리엔탈리즘』에서 주장했듯이, 18, 19세기의 영국과 프랑스 같은 서구 열강은 동양을 열등하게 정의함으로써 그들의 식민지 건설을 동양에 대한 구원으로 정당화했다. 동양 문물은 그들에게 그저 소비와 수탈의 대상일 뿐이었다. 서구 열강이 다른 대륙에서 식민지를 건설하고 그곳 문물을 직접 받아들였던 데 비해, 식민지가 적고 국력이 약했던 덴마크는 동양 문물을 직접 접할 기회가 상대적으로 적었다. 동양 문물과 양식은 덴마크인들에게 직접 체험하고 싶은 신비와 동경의 대상이었고 소비 욕망을 불러일으켰다. 그리고 그것은 산업기술 발전이 더디었던 덴마크의 근대화에 대한 대리만족의 대상이었을 것이다. 당시 덴마크에서 유행한 오리엔탈리즘은 덴마크 근대화의 또 다른 이면이었다.

덴마크의 뒤늦은 산업화로 도시 코펜하겐은 19세기가 훌쩍 넘어서야 뒤늦게 근대화를 경험했다. 당시 시대는 민족주의, 자유주의, 식민주의, 모더니즘 등 여러 이데올로기가 얽히고설킨 복잡한 상황이었지만, 이 시대가 남긴 코펜하겐의 도시 유산과 건축들은 역설적이게도 지금의 코펜하겐을 훨씬 더 풍성하게 만들었다. 이 시대의 도시 유산들은 시각적 요소뿐 아니라 도시 코

코펜하겐에 있는 안데르센 동화의 주인공 인어공주의 동상. 인어공주 동상은 당혹스럽게도 가장 실망스러운 유명 관광지 중 하나로 언급되곤 한다. 이 동상은 덴마크 조각가 에드바르드 에릭센Edvard Eriksen이 제작했는데, 그의 뒤에는 뉘칼스버그의 카를 야콥센이 있었다. 부모를 버리고 사랑을 위해 인간이 되려 한 인어공주 이야기에 카를 야콥센은 자신의 아버지를 떠올리며 공감했을까?

펜하겐을 둘러싼 이야기를 형성하는 데 큰 역할을 했기 때문이다. 보잘것없는 인어공주 동상 하나를 보기 위해 관광객들이 몰려드는 것처럼, 코펜하겐 거리를 거닐며 도심 곳곳에 숨어 있는 지난 과거 역사의 상상의 흔적들을 찾아보면 코펜하겐이라는 도시가 주는 또 다른 선물을 발견하게 될 것이다.

1:10,000 scale

자율 도시 크리스티아니아

루저들의 파라다이스

크리스티아니아Christiania는 자율 도시이다.

크리스티아니아는 코펜하겐 내에 있지만 코펜하겐에 속하지 않으며, 삶의 방식이나 공간적 특징 면에서도 전혀 다른 결을 가진 장소다. 크리스티아니아의 정문에 들어서는 순간 내가 방금까지 코펜하겐에 있었는지 의심하게 된다. 벽이란 벽마다 그래피티가 빼곡히 채워져 있고, 마리화나향이 코를 찌르며, 몽환적인 테크노와 레게 비트가 거리 곳곳에서 끊이질 않는다. 축구장을 40~50개 충분히 짓고도 남을 정도의 규모지만 그 안에서 자동차나 오토바이는 이용할 수 없으며 오로지 자전거 정도만 이용할 수 있다.

크리스티아니아에는 지식인층부터 노숙자, 성소수자, 히피, 그린란드 에스키모 등 덴마크 사회의 온갖 소수자들이 모여 살고 있다. 그렇기에 그곳은 루저들의 파라다이스라고 불리기도 한다. 크리스티아니아에는 부랑자들이 많고 이제는 상당히 사라졌지만 마약상들이 거리 곳곳에서 버젓이 마약을 팔기도 하기 때문에 얼핏 보면 꽤 위험해 보인다. 하지만 동시에 그곳은 1년 내내 크고 작은 콘서트나 예술 전시회가 끊이지 않는 등 다양한 문화가 공존하는 공간이다. 이곳의 특별한 장소성과 끊임없이 벌어지는 독특한 이벤트 때문에 코펜하겐의 젊은 세대나 관광객들로 1년 내내 북적이지만, 사진은 찍을 수 없는 그런 이상한 곳이 바로 크리스티아니아다.

빨간색 바탕에 3개의 노란색 점이 찍힌, 크리스티아니아를 상징하는 깃발. 이 깃발 디자인의 유래도 참 크리스티아니아답다. 이야기는 1971년 크리스티아니아 주민들이 점거를 막 시작했을 즈음으로 거슬러 올라간다. 크리스티아니아 주민 중 한 명이 주변에 주차된 관광버스를 목격하고, 이곳이 차량이 들어올 수 없는 보호구역이라는 것을 알리기 위해 급히 사인보드를 만들고자 했다. 그러던 중 근처에 있는 낡은 문짝과 버려진 페인트를 발견했다. 남아 있는 페인트 중 양이 가장 많이 남아 있는 빨간색을 일단 문짝에 칠하고, 대비가 가장 잘 되는 노란색으로 'Christiania'라고 적었다. 글자를 다 쓰고 보니 글자가 너무 얇아서 멀리서는 좀처럼 인지가 되지 않았다. 그래서 철자 중 'i'에 있는 3개의 점을 강조해 크게 그려 넣었고, 결국 이것이 크리스티아니아의 상징이 되었다.

크리스티아니아가 코펜하겐 크리스티안스하운Christianshavn 지역 남부 가장자리에 자리 잡은 지 50년이 훌쩍 넘은 지금까지도 1,000여 명의 주민들이 공동체를 이루어 함께 살고 있다. 그들은 '어느 누구도 남이 원하는 것을 할 권리를 침해하지 않는다면, 누구나 자신이 원하는 것을 할 자유가 있다'라는 기본 원칙하에서 자기 영역을 유지해오고 있다. 하지만 그들이 공동체를 이루어 살게 되기까지에는 지금껏 오랜 시간 덴마크 정부와의 길고 긴 협상과 분쟁, 토론을 거쳐야 했다.

제2차 세계대전에서 덴마크 정부는 독일군에게 저항도 제대로 하지 못한 채 쉽사리 항복하고만 굴욕의 역사가 있다. 다만 덴마크 정부는 항복했지만, 일부 덴마크 저항군이 마지막까지 독일군에 항거하다 전멸을 당하는 참사를 겪기도 했다. 덴마크 저항군이 나라를 위해 목숨을 바쳤던 역사의 배경이 되는 장소가 바로 크리스티아니아다. 크리스티아니아가 속해 있는 크리스티안스하운은 북해와 발틱해의 접점에 위치해 있는 군사적 요충지로, 덴마크군 주요 주둔지의 역할을 해왔다. 제2차 세계대전 종전 이후 일부 해군 부대만을 남기고 대부분의 군이 코펜하겐 외곽으로 옮겨 가면서, 지금 크리스티아니아가 있는 자리는 그대로 공터로 남았다. 높은 담벼락과 철조망으로 둘러싸인 채 아무도 쓰지 않아 황무지가 되어버린 크리스티아니아는 꽤 긴 시간 동안 의미 없는 장소가 되고 말았다.

전후 20세기 중반기 유럽의 도시들에서는 주택 수요가 급증했다. 코펜하겐 역시 마찬가지였다. 코펜하겐 중심 근처에 위치

철조망을 살짝 뜯어내어 크리스티아니아의 공터에서 아이들을 뛰어놀게 한
한 아이의 엄마는 결과적으로 지금의 크리스티아니아를 만든 셈이다.
ⓒ christiania.org

한 크리스티안스하운 전역에도 주택들이 우후죽순으로 생겨났다. 주택 수급에 목표를 둔 도시 개발이었기에 크리스티안스하운 주변에는 아이들이 마음껏 뛰어놀 수 있는 안전한 공간이 부족했다. 하지만 철조망으로 둘러쳐진 크리스티아니아에는 넓고, 안전하고, 훌륭한 자연환경이 있었다. 군사용으로 지어진 튼튼한 구조물들도 그대로 남아 있었다. 차츰 인근 주민들은 크리스티아니아의 효용성을 알아차렸다. 그들은 철조망을 몰래 뜯어내어 크리스티아니아의 공터에서 아이들을 하나둘 뛰어놀게 했다. 이것이

1971년 젊은 세대가 기성세대가 만들어놓은 벽을 허무는 순간의 장면은 대안적 삶에 대한 열망과 논의가 한창이던 당시 덴마크의 시대상을 대변한다.
ⓒ christiania.org

크리스티아니아가 일반 시민들에게 이용된 첫 사례이다.

동네 아이들의 놀이터로 사용되던 크리스티아니아에 갑자기 큰 변화가 일어나기 시작했다. 1971년 4월, 코펜하겐 시민들이 마침내 크리스티아니아의 벽을 허물어뜨린 것이다. 프랑스 68혁명에 영향을 받고 기성세대를 불신하는 덴마크 젊은 세대는 담장을 허물고 크리스티아니아로 진입했다. 그 후 히피와 집 없는 사람들이 대거 이곳으로 모여들어 버려진 군용 건물에 둥지를 틀게 되면서 크리스티아니아는 새로운 국면을 맞이한다. 정부는 그 당시 주택 건설에 집중하고 있던 터라 크리스티아니아까지 신경 쓸 여력이 없었다. 정부는 크리스티아니아를 당분간 내버려둘 수밖에 없었다. 덕분에 둘 사이에 충돌은 없었다. 그 후 크리스티아니아에는 사람들이 점점 더 몰리게 되었고 그들만의 규율이 존재하는 독립된 사회가 만들어지기에 이르렀다.

자연발생적인 공동체

크리스티아니아는 이기주의와 계층별 소통의 단절, 소수자와 약자에 대한 차별로 비판받는 현대 사회와는 다른 개념인 공동체 사회의 가능성을 보여주는 상징적 장소가 되었다. 크리스티아니아 주민들은 전기나 상하수도 등 삶에 필요한 아주 기본적인 항목 이외에 많은 것을 정부에 바라지 않는다. 대신 정부의 간섭 역시 받기를 원하지 않는다. 그들 내부의 문제는 일반적 사회 규범이나 법 대신 그들 공동체의 삶에 맞는 내부 규범을 만들어 해결한다. 단, 소수 의견이 무시될 소지가 있는 다수결 원칙에 의해 규범을 정하는 것이 아니라, 시간이 걸리더라도 당사자들의 토론을 거친 합의를 기본으로 한다.

크리스티아니아 내 건물들 외관에는 그곳에 사는 사람들의 삶과 그들이 그곳에서 보냈던 시간의 흔적이 그대로 묻어 있다. 전에 있던 건물을 이용하는 경우에는 기존의 구조체를 그대로 유지한 채 오로지 내부만 수선하여 이용하는 경우가 대부분이다. 주민들은 그곳에 식당, 카페, 콘서트홀 등 생계에 필요한 상업용 또는 문화시설을 마련해 관리, 유지한다. 새로 지은 주택들은 주민들이 손수 지은 것이다. 주민들은 기성 건축자재의 사용을 최소화하고 건축가나 별도의 시공사를 고용하지 않고, 크리스티아니아 자리에 남겨져 있던 군사시설을 해체, 재활용하여 스스로 집을 지었다. 그렇다 보니 주택들은 하나같이 독특한 자기만의 개성을 드러낸다. 각각의 건물들은 독창적이고 개별적이며 직관적이다.

크리스티아니아는 컨트롤타워 없이 수평적이고 자율적으로 생성된 도시이다. 도시계획가나 건축가들의 전문성에 의해 만들어진 생활환경이 아니라, 일상의 삶이 하나하나씩 구축되어 형성된 자연발생적인 공동체환경이다. 크리스티아니아 주민들은 불편한 것이 생기면 정부에 요구하는 대신 스스로 문제를 해결한다. 자기 집 앞길에 튀어나와 있는 돌이 불편하게 느껴진다면 직접 나서서 그 돌을 뽑으라는 것이 크리스티아니아의 기본 정신이다. 그래서 크리스티아니아의 첫인상은 혼란스러우며, 온갖 잡다한 요소들이 산재하여 어찌 보면 괴기스럽게 보이기까지하다. 첫인상이 그러한지라 이곳 출입을 꺼리는 사람들도 꽤 있을 정도지만, 자본과 권력이 최소화되고 민주적 절차에 의해 형성된 건축물과 도시환경을 크리스티아니아를 통해 엿볼 수 있다는 것만으로도 큰 의미가 있다.

건축가가 아니라 주민들 스스로 지은 크리스티아니아의 건축물들.

다큐멘터리 《아메리칸 코뮌》(2013)은 1970년대 히피들이 모여 살던 '팜'Farm이라는 최대 규모의 코뮌에 대한 회상을 다루고 있다. 다큐멘터리는 그곳을 떠난 사람들의 회고로 채워진다. 그들의 기억으로 돌아본 '팜'은 현재 크리스티아니아의 규모와 얼추 비슷한, 최대 1,500명이 모여 살던 코뮌이었다. 시간이 흘러 외부 공권력의 간섭과 내부 균열을 겪은 후 상처받은 주민들은 결국 자의 반 타의반으로 '팜'을 떠났고, '팜'은 역사 저편으로 사라지게 되었다. 대부분의 다른 코뮌 역시 비슷한 이유로 모습을 감추었다. 1960~1970년대 전 유럽과 미국 등지에 널리 퍼져 있던 코뮌은 이제 옛날이야기가 되어버렸다.

크리스티아니아는 21세기에 존재하는 현재진행형인 코뮌의 모습이다. 어떻게 크리스티아니아는 50여 년 동안 그들의 공동체를 유지할 수 있었을까? 그것도 한 나라의 수도 한복판에서 말이다. 여러 가지 이유가 있겠지만, 첫째 까다로운 전입 절차를 꼽을 수 있다. 1970년대 코뮌 대부분은 원하는 사람이면 누구나 참여할 수 있었다. 그러다 보니 서로 이견이 있는 사람들끼리 충돌이 생겨 계파가 나뉘고 계파 간 분쟁이 일어나 일부는 코뮌을 떠나야 하는 경우가 많았다. 크리스티아니아는 주민의 수를 1,000여 명으로 제한하여 무분별한 주민 유입을 막고 있다. 크리스티아니아에 살고자 하는 사람은 대기자 명단에 이름을 올리고 크리스티아니아 주민이 다른 곳으로 이주하거나 죽어서 공석이 생길 때까지 기다려야 한다. 지원자는 크리스티아니아 주민으로 적합한지 알아보는 주민들 인터뷰도 거쳐야 한다. 이런 까다로운 전입 절차는 크리스티아니아 공동체정신의 순도를 유지한다.

둘째, 주민들의 경제활동 방식을 꼽을 수 있다. 1970년대 코뮌은 별다른 수입원 없이 기부금이나 자급자족 형태로 생계를 유지했다. 반면 크리스티아니아는 내부와 외부에서의 생산 및 경제활동을 통해 수입원을 창출했다. 크리스티아니아 주민들 중 대략 3분의 1은 외부에서 일을 하고, 3분의 1은 내부에서 일을 하고, 나머지 3분의 1은 일을 하지 않는다고 한다. 내부에서 일을 하는 사람들은 다양한 방식으로 경제활동에 참여한다. 예를 들어 주민들이 운영하는 공방에서 수작업으로 생산하는 크리스티아니아 카고바이크cargo bike는 이미 덴마크를 대표하는 자전거가 되었다. 크리스티아니아의 주수입은 관광객의 지갑에서 나온다. 주민들은 크리스티아니아 안에 있는 카페, 레스토랑, 클럽 등에서 다양한 문화행사를 주최하고 경제활동을 함께 진행한다. 그들 삶의 터전에 경계를 긋는 대신, 그곳을 개방함으로써 공동체를 지속가능하게 만들 수 있었던 것이다.

셋째, 지리적 요건을 꼽을 수 있다. 대부분 두메산골에 위치해 바깥세상과 완전히 분리되어 있던 1970년대 코뮌에 비해, 크리스티아니아는 수도 코펜하겐 내부에 위치한다. 크리스티아니아는 코펜하겐 내에서 바깥세상과 충분히 소통하고, 시대에 맞게 자신들의 존재가치를 주장하며 살아남을 수 있었다. 코펜하겐 시

크리스티아니아 내 푸셔스트리트Pusher Street. 푸셔스트리트는 크리스티아니아에서 가장 유명한 길이다. 초입부에 위치하고 상점들이 있어서이기도 하지만, 무엇보다 이곳 가판대에서 외부 마약상들이 마리화나를 공공연히 거래했기 때문이다. 푸셔스트리트는 크리스티아니아의 어두운 면이다. 주민들과 마약상들의 마찰은 끊이지 않았고, 정부가 크리스티아니아 주민들의 강제 이주를 주장할 때 아주 좋은 구실이 되기도 했다. 결국 2024년 4월 크리스티아니아 주민들은 푸셔스트리트를 폐쇄한다는 결정을 내렸다. 주민들은 마약 거래 금지의 실천의지를 피력하는 선언으로 푸셔스트리트의 멀쩡한 석재 포장을 뜯어내고, 예전에는 금지했던 사진 촬영을 허가했다.

민들 역시 크리스티아니아를 공동체 주거로서뿐 아니라, 대안적 문화를 만들고 공급하는 장소로 인식하고 있다. 코펜하겐 시민들은 문화를 소비하는 주체로서 크리스티아니아의 존속에 대부분 찬성한다.

크리스티아니아 내부에서의 마약 거래는 코펜하겐 시민 중에서도 찬반이 선명하게 갈리는, 끊이지 않는 사회적 논쟁거리다. 2004년 크리스티아니아에서 활동하는 마약범을 단속하기 위해 경찰이 대규모의 공권력을 투입하기도 했다. 이외에도 정부와 코펜하겐시가 안고 있는 크리스티아니아에 관한 고민은 또 있다. 크리스티아니아가 코펜하겐에서 대규모 택지 개발이 가능한 몇 안 되는 잠재적 필지라는 점 때문이다. 2000년대 초 보수정부 집권 당시, 정부는 크리스티아니아의 '정상화'를 선언하며 마약 단속을 하고 소유권에 대한 법적 절차를 밟기도 했다.

결론이 나지 않는 기나긴 토론과 논쟁 끝에 덴마크 정부는 2012년 크리스티아니아 주민들에게 한 가지 제안을 했다. 크리스티아니아 전체 토지를 시세보다 저렴하게 크리스티아니아 주민협의체에 팔고, 그것에 대한 저금리 대출 역시 보장한다는 내용이었다. 게다가 주민들을 위해 상하수도 및 전기 서비스를 개선하고 크리스티아니아 지역을 현재와 같이 보존한다는 확약까지 포함했다. 결국 크리스티아니아 주민협의체는 이에 동의했다. 크리스티아니아 주민들로서는 예전에 내지 않던 토지 구매 융자에 대한 이자를 납부해야 하는 상황이지만, 공동체에 대한 외부의 위협에서 벗어날 수 있는 조건이었기 때문이다. 코펜하겐 시민들

입장에서 보자면, 국가 토지를 무단으로 점령한 특정 그룹에 본인이 낸 세금이 투입되고 그 그룹에게 세제의 다양한 이점까지 적용된다는 것에 불만을 가질 수도 있었을 것이다. 하지만 코펜하겐 시민들은 새로 개정된 법안에 별다른 이견을 내지 않았다.

크리스티아니아의 존재가치를 인정하는 사회적 공감대는 크리스티아니아를 지금까지 존속하게 했다. 크리스티아니아는 문화 다양성을 인정하는 코펜하겐 시민들의 포용성과 사회적 합의의 상징이다. 그것만으로도 크리스티아니아의 존재가치는 충분하다. 그 많은 정부 자금이 들어간다고 해도 말이다.

3

사람과 이념

조합, 사회를 지지하는 뼈대

농민들 협동조합을 만들다

덴마크 하면 떠오르는 것 중 하나가 낙농업이지만, 덴마크 전체 GDP에서 농업이 차지하는 실제 비율은 2022년 통계 기준 1.3퍼센트 미만으로 생각보다 크지 않다. 대한민국보다도 낮은 수치다. 그럼 우리가 덴마크 하면 낙농업을 먼저 떠올리는 이유는 뭘까? 상대적으로 높은 질의 낙농업 제품이 유명하기 때문이기도 하겠지만, 덴마크 농업은 그 이전에 그들 고유의 생산 시스템으로 더 널리 알려져 있기 때문이다. 덴마크의 농업사회가 스스로 성취한 자율적 협업생산 시스템은 건강한 농업사회의 모범으로, 다른 농업국가에까지 전파되고 벤치마킹되었다. 한국의 새마을운동 역시 비록 그 방법과 의미가 변질되긴 했지만 덴마크 농업사회의 자율적 협업생산 시스템으로부터 영향을 받았다.

상대적으로 산업화가 늦었던 19세기 중반 이전까지 덴마크의 주요 산업은 단연 농업이었다. 당시 덴마크는 국가 위기 상황이었지만, 영농기술은 근대화의 영향으로 괄목할 만한 성장을 이루었다. 더욱이 17세기 말 농노제가 폐지되면서 어느 정도 농민들의 주체적 농업활동이 가능해졌으며, 관개시설의 발달과 비료의 사용으로 농업 생산의 효율은 높아지고 수확량은 증가했다. 이전만 해도 내수시장조차 충족시키지 못했던 농업 생산량은 수출이 가능할 정도로 성장했다. 하지만 수출이 늘어난다고 해서 반드시 긍정적인 면만 있는 것은 아니었다. 수출활동은 국제관계와 경제

환경의 변수에 직접적 영향을 받기 때문에 이에 따른 경제적 위험이 항시 뒤따르기 때문이다. 실제로 당시 덴마크의 주수출 품목이었던 곡류는 전 세계 수확량의 증감에 따라 해마다 가격 변동이 심해 풍년이 든 해에는 가격이 폭락하기도 했다. 수년간의 시행착오를 겪은 덴마크 농업은 위험 부담이 있는 곡류 생산보다는 자연스레 가격 변동이 작고 당시 고부가가치산업이었던 목축업과 낙농업에 관심을 가지기 시작했다.

기존의 농업 기반시설을 단숨에 목축업과 낙농업으로 바꾸는 것은 부담과 리스크가 큰 사업이었다. 낙농업은 곡류 생산과 다르게 유제품을 생산하고 가공하기 위해 대규모 시설을 필요로 했기 때문이다. 초반에는 자본력이 있는 대규모 농장이 낙농업 시장을 선점했다. 그런데 대규모 자본이 간단히 독식할 수 있으리라 생각했던 낙농업 시장은 아무도 상상하지 못한 방향으로 흘러갔다. 소작농 한 개인이 대규모 시설을 갖추기는 사실상 불가능했는데 갑자기 농민들이 힘을 합치기 시작한 것이다. 농민들은 서로 연대하여 협동조합을 구성하고 공동으로 소자본을 투자해 유제품 생산시설을 함께 설치, 운영함으로써 대형 농장과 경쟁이 가능해지게 되었다. 결국 크고 작은 다수의 협동조합은 대형 농장을 서서히 밀어내고 낙농업 시장의 중심에 우뚝 섰다. 덴마크의 협동조합은 오늘날까지도 덴마크 농업의 핵심적 위치를 차지한다. 150여 년 전에 시작된 농촌의 자율적 협업생산 시스템은 지금도 덴마크 농업을 지탱하는 중추적 역할을 하고 있다.

소자본이 모인 협동조합이 어떻게 대자본 농장을 제칠 수 있었을까? 이는 협동조합의 운영방식에서 해답을 찾을 수 있다. 협동조합은 개인들이 공동의 힘으로 생산활동 혹은 경영 관련 문제를 해결하기 위해 구성한 단체이다. 그러므로 협동조합의 기본 원칙은 평등이다. 누구든지 사회적 신분에 관계없이 가입할 수 있으며, 모든 구성원은 협동조합의 중차대한 일에 동등한 투표권을 가진다. 또 조합원들은 조합 활동에 따른 이윤을 배분받을 권리를 가진다. 조합의 이윤이 조합원들에게 그대로 돌아가는 구조이다.

협동조합 내 수익과 분배의 민주적 구조는 조합원들에게 수익 창출에 대한 강한 동기를 부여했다. 조합원이 노동자이자 주인인 협동조합의 내부 구조는 생산 라인에까지 영향을 미쳤다. 조합원들은 스스로 품질을 높이기 위해 노력했다. 결국 낙농업에서 가장 중요한 위생관리와 품질관리를 철저히 해서 고품질 제품을 생산했다. 협동조합이 생산하는 고품질의 유제품은 덴마크 국민들의 신뢰를 얻으며 결국 대자본을 밀어냈다. 덴마크 농업협동조합의 전통은 현재까지 지속되고 있다. 돈육을 취급하는 데니시 크라운 같은 협동조합은 덴마크 농업 총판매량의 40퍼센트 이상을 담당할 정도로 덴마크 농업과 경제에 큰 비중을 차지한다.

여기서 흥미로운 점은 덴마크 농업이 급성장한 19세기 중후반은 덴마크 정치와 경제 상황이 최악으로 치닫고 있을 때라는 것이다. 19세기 중반 덴마크는 슐레스비히홀슈타인 지역 영유권을 둘러싼 프로이센과의 두 차례의 전쟁에 패해, 12세기 이래 덴마크령이었던 해당 지역을 프로이센에게 빼앗기고 말았다. 국가 경제가 바닥을 쳤고, 중앙은행이 파산하기에 이를 지경이었다. 이런 상황에서 농민들이 함께 뭉쳐 협동조합을 만들 수 있었던 구심점은 과연 무엇이었을까?

교육도 제대로 받지 못하고 사회적 약자에 불과했던 소작농들이 협동조합을 구성할 수 있었던 데에는 덴마크 민중고등학교folke højskole 확장의 영향이 매우 컸다. 민중고등학교는 신학자, 시인, 민족운동가, 역사가, 민속학자, 정치가, 철학자이자 교육자였던 니콜라이 그룬트비Nikolai Frederik Severin Grundtvig (1783~1872)의 사회계몽정신의 영향을 받아 설립된 학교이다. 그룬트비가 덴마크 사회의 정치, 종교, 예술, 민속 분야 등에 여전히 미치고 있는 긍정적 영향력은 이 자리에서 모두 다룰 수 없다. 다만 그중 그룬트비의 교육에 대한 실천의지로 만들어진 민중고등학교는 그의 철학이 집대성된 결과물이라고 할 수 있다. 민중고등학교는 당시까지 잔존하던 농촌의 봉건주의적 사고를 해체하고 사회 구조를 재편할 수 있는 디딤돌이 되었다. 이 영향은 농촌을 넘어 덴마크 사회 전반에 급속히 퍼져나갔다.

쉽게 말해 민중고등학교는 일견 전문대학과 비슷한 위상을 지니고 있었다. 당시 덴마크에 있던 대학들이 덴마크어가 아닌 라틴어 중심으로 학문을 탐구했다면, 그룬트비가 주창한 민중고등학교에서는 덴마크어를 중심으로 덴마크의 역사, 언어, 문학, 사회 등을 두루 배울 수 있었다. 학교에서는 제한과 규제를 최소화하고 선생님이 교재를 사용하여 일방향으로 강의를 하는 대신, 수평적 관계에서 대화 형식으로 수업을 진행했다. 민중고등학교

그룬트비 교회는 니콜라이 그룬트비를 기리기 위해 코펜하겐 외곽 비스페비에르Bispebjerg 지역에 지어졌다. 덴마크 건축가 페데르 빌헬름 옌센-클린트Peder Vilhelm Jensen-Klint는 고딕양식을 모던하게 재해석함으로써 설계 공모에 당선되었지만, 제1차 세계대전으로 지체된 공사 기간 때문에 결국 건물의 완공을 보지 못하고 생을 마쳤다. 그의 사후에 아들 카레 클린트가 인테리어와 가구 디자인을 완성했다. 그룬트비 교회는 본당의 표현주의적인 인상적 외관뿐 아니라, 교회 진입부 좌우측의 공동주택, 상가들과 일체화된 단지형 건축, 고딕 교회의 내부를 현대적으로 재해석한 내부의 모습, 데니시 모던 의자 디자인 계보에서 매우 중요한 위상을 차지하는 카레 클린트의 교회의자를 낳았다. 이 때문에 그룬트비 교회는 덴마크 건축 디자인 역사에서 근대 이전과 모더니즘의 가교 역할을 한 것으로 평가된다. 마치 니콜라이 그룬트비가 전근대 덴마크 사회를 새로운 시대로 이끌고자 했던 것처럼 말이다.

아스코우 민중고등학교Askov højskole. 덴마크 율란드 뢰딩에서 첫 번째 민중고등학교가 설립된 이래, 율란드를 중심으로 여러 민중고등학교가 설립되었다. 사진 속 아스코우 민중고등학교는 1865년 설립되어 아직도 운영되고 있다. 현재 덴마크 민중고등학교의 교육철학은 그대로 유지되고 있지만, 학생 대상이 다르다. 초기 민중고등학교가 농민들을 위한 교육의 장소였다면, 현재는 9년간의 초등·중학교 통합과정을 갓 졸업한 16~17세의 청소년들이 1년 혹은 반년 동안 함께 머물며 사회생활을 배우고 미래에 자기가 하고자 하는 일을 찾는 기숙학교의 형태로, 덴마크 전역 240여 곳에서 운영되고 있다. 이는 에프터스콜레efterskole로 불리며, 중학교를 졸업한 직후 고등학교에 올라가기 전 잠시 거치는 덴마크적 통과의례가 되었다. https://www.fotohistorie.com/hoslashjskoler.html

가 추구하는 가치는 학문 전수에 있다기보다 올바르게 살아가기 위함에 있었기 때문이다.

1844년 율란드 남부지역의 농촌 뢰딩Rødding에서 첫 번째 민중고등학교가 설립된 이래, 19세기 중후반 덴마크 전국 각지에서 그룬트비의 교육철학을 이어받은 학교들이 정부의 적극적인 보조금 지원을 받아 다수 문을 열었다. 이곳 민중고등학교 출신들이 바로 농촌 지도자가 되어 협동조합 설립에 중심적 역할을 했다. 민중고등학교의 정신은 농촌에 고스란히 흡수되었다. 모든 조합원이 동등한 권리를 갖고 결정에 참여하는 협동조합의 원칙은 당시 농민들에게는 매우 새로운 경험이었다. 이는 실제로 농촌사회에 민주주의 정신을 일깨우는 데 큰 역할을 했으며, 이와 같은 과정은 농촌을 넘어 덴마크 사회 전체에 평등의 원칙과 근대적 문화가 뿌리내릴 수 있는 밑거름이 되었다. 덴마크식 민주주의는 역설적이게도 덴마크가 가장 힘들었던 시대적 배경에서 그 기틀을 갖추었다.

조합, 문화이자 사회 시스템이자 일상의 배경

유제품, 육가공, 사료제품 등 농업 관련 산업 분야에서 이룬 협동조합의 성공은 다른 산업 분야까지도 순식간에 퍼져나갔다. 엄청나게 많은 수의 작지만 특성화된 협동조합이 전국 거의 모든 산업 분야에 걸쳐 형성되었다. 생필품, 금융, 에너지 등 제조업 및 서비스업 분야에도 협동조합이 생겨나 대부분의 경제활동이 협동조합을 통해 가능하게 되었다. 덴마크 사회에서 일어난 협동조합의 거대한 물결을 일컬어 '덴마크 협동조합운동'andelsbevægelsen이라고 부른다.

소비자협동조합이 만들어진 후 소비자는 이제 소비의 주체이자 생산과 유통에 직간접적으로 개입하는 조합원으로 권리를 행사했다. 그리고 고용주의 횡포에 대항하는 노동조합이 보편화되어 노동자의 근무 환경을 개선해나갔다. 노동자들은 주택조합, 신용조합 등을 함께 만들어 그들의 재산을 스스로 지켰다.

노동조합 사례를 하나 들어보자. 덴마크의 노동조합은 회사 내 이익단체로서의 노동조합도 있지만 대부분 직종별 이익단체로서의 노동조합을 말한다. 덴마크에서 직종별 노동조합의 사회적 영향력은 상당하다. 의사나 변호사 같은 사회적으로 힘 있는 집단만이 노동조합을 결성하는 것이 아니다. 환경미화원 등 육체노동자같이 상대적으로 사회적 약자에 속하는 노동자들도 직종에 해당하는 노동조합에 가입되어 있다. 덴마크 전체 산업 인구의 70퍼센트 넘는 수가 노동조합에 가입되어 있을 정도다.

직종별로 다양한 노동조합이 활동을 하고 있고, 덴마크의 사회적 분위기는 이를 수용한다. 노동조합 활동은 결과적으로 직종 간 임금 차이를 줄이는 역할을 한다. 덴마크의 의사와 환경미화원의 임금 차이가 다른 나라에 비해 많이 나지 않는 것은 바로 노동조합이 그들의 이익을 대변해 꾸준히 활동해왔기 때문이다. 노동조합은 덴마크 사회에서 노동자의 고용 안정을 돕는 역할 이외에 계층 간 갈등과 분쟁을 조정하는 역할을 한다. 노동조합은 조합원을 위한 이익단체일뿐 아니라, 덴마크 사회를 뒷받침하는 자율적 사회안전망이다. 조합 문화는 정부가 주도하는 복지정책만큼이나 중요한 요소로서 현재까지도 덴마크 사회를 지지하는 뼈대 역할을 하고 있다.

협동조합운동 이후 덴마크는 사회를 지지하는 두 개의 축을 장착하게 되었다. 시민의 복지를 책임지는 정부의 축과 시민의 권익을 자율적으로 보장하는 조합 문화의 축이다. 그만큼 조합 문화는 덴마크 사회에서 큰 의미를 지닌다. 덴마크에서 조합은 문화이자, 사회 시스템이자, 덴마크인들이 살아가는 일상의 배경이다.

사람들의 의자, 모두를 위한 가구

소비자협동조합의 탄생

생산자를 위한 조합이 있듯, 소비자를 위한 협동조합이 있다. 생산자를 위한 협동조합의 출발이 농민들이 힘을 합한 결과였다면, 소비자협동조합은 시민들이 소비자로서 힘을 합친 결과다. 그중 FDB(Fællesforeningen for Danmarks Brugsforeninger)라고 불리는 소비자협동조합연합은 덴마크의 대표적 소비자협동조합이다.

거대자본의 생산품 독과점에서 비롯된 높은 재화 가격의 조정 및 품질 관리라는 측면에서 19세기 중반 이후부터 덴마크에는 각 지역마다 소비자협동조합이 생겨났고, 지역 주민들에게 식료품 등을 공급하기 시작했다. 그 후 19세기 말에는 덴마크 전역에 1,000개의 크고 작은 개별 소비자협동조합이 활동하고 있을 정도로 확대되었지만, 개별 소비자협동조합 조직은 거대자본에 맞서기에는 미약했다. 그래서 이들 소비자협동조합이 한데 모여 1896년 하나의 대형 조직을 만들었는데, 이것이 FDB의 출발이었다.

소비자가 조합원이며 소유주인 FDB는 시민들이 양질의 제품을 적정 가격으로 누릴 수 있게 하는 것이 주요한 설립 목적이었다. 그리고 생산자와 소비자의 거리를 최소화해 유통 비용을 줄이기 위해 생산에도 직접 참여했다. 설립 직후 커피 로스팅, 담배, 비누, 마가린 같은 몇몇 생필품을 시작으로 직접 생산하는 취급 품목을 점점 늘려나갔다. 이와 더불어 FDB는 소비자를 위한 다양한 안전장치들을 마련했다. 세계 최초로 그들이 다루는 식료품의 안전을 테스트하는 중앙테스트센터Centrallaboratoriet를 FDB 내에 설립하였고, 포장을 제외한 실제 제품의 무게만을 판매 기준으로 삼았다. 다양한 제품의 인증 기준을 갖춰 제품의 질을 관리했고, 1984년 덴마크 최초로 유기농 식품 인증 기준인 'Red Ø'를 도입하였다.

FDB는 1980년대 저가 제품을 판매하는 팍타Fakta와 프리미엄 제품을 취급하는 이어마Irma를 인수하여 슈퍼마켓 체인 라인의 다변화를 꾀했다. FDB에 속한 슈퍼마켓 체인 중 하나인 이어마는 디자인적 측면에서 좀 더 특별하다. 이어마는 세계에서 두 번째로 오래된 슈퍼마켓 체인으로, 1888년 코펜하겐의 어느 반지하실에서 달걀과 마가린을 판매하는 조그마한 상점으로 시작했으며, 100년이 훌쩍 넘는 시간 동안 다양한 예술가 및 디자이너들과 협업하여 이어마만의 강한 디자인 정체성을 구축해왔다.

이어마는 1900년대 초에 이름이 지어졌고, 이어마의 상징이자 로고인 이어마걸Irma girl은 1907년 처음 등장했다. 코펜하겐 시민들에게 유독 사랑받는 광고판이 몇 가지 있는데, 코펜하겐 호수 옆 건물에 설치된 알을 낳는 암탉의 모습을 한 이어마의 네온사인도 그중 하나다. 이어마의 창립자가 소년 배달부를 고용하여 집집마다 달걀을 배달하는 서비스로 큰 성공을 거두었다는 이야기에서 비롯된 디자인이다. 또 이어마가 항시 사용하는 컬러인 짙은 파랑은 'Irma blue'로 불리며, 이어마만의 강력한 그래픽 아이덴티티가 되었다. 덴마크 사람들은 짙은 파랑을 보면 이어마를 떠올릴 정도이다. 이어마는 1970년대부터 본격적으로 다양한

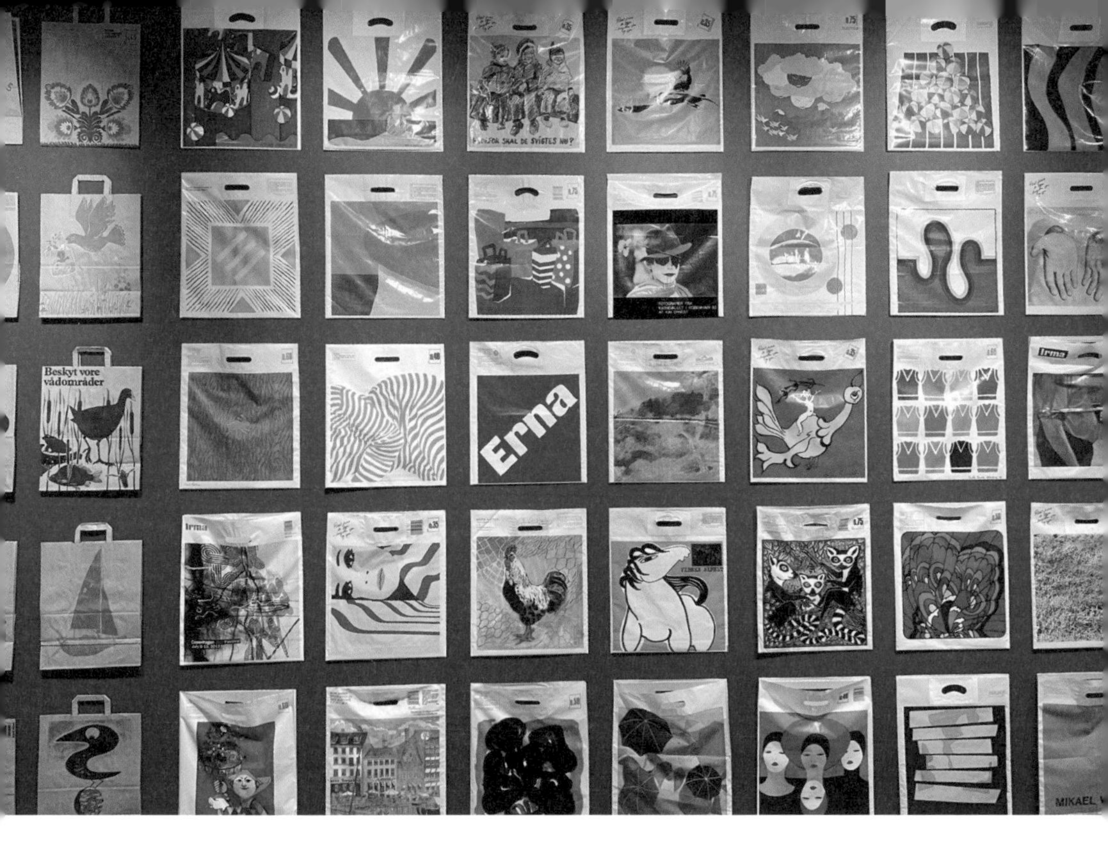

이어마 쇼핑백 컬렉션(덴마크디자인뮤지엄 이어마 특별전). 1982년 FDB는 브랜드 확장을 위해 프리미엄 브랜드인 이어마를 인수하여 40년 이상 운영했지만, 경영상의 이유로 모든 체인을 닫기로 결정했다. 이어마의 폐점은 덴마크 사회에서 큰 화두였다. 이어마는 다양한 식자재를 구할 수 있는 프리미엄 식료품점 이상의 의미를 지니는데, 이어마가 코펜하겐 사람들 일상 속에 디자인 가치를 녹여낸 하나의 상징으로 여겨져왔기 때문이다. 덴마크에서 굉장히 큰 반대 여론이 있었지만 이어마는 2024년 봄을 마지막으로 역사 속으로 사라졌다.

예술가, 디자이너들과 협업하며 많은 아이템들을 선보였다. 그중 다양한 소재로 만든 이어마 쇼핑백이나 캔 제품들이 큰 사랑을 받았고, 이어마의 디자인 제품은 수집가들의 수집 대상이 되기도 했다.

FDB는 2000년대 초 큰 변화를 맞이한다. 대형 슈퍼마켓 체인과 글로벌 기업들이 덴마크 시장에 본격적으로 진입하면서 경쟁이 치열해졌고, 이에 발맞추어 FDB도 구조조정이 필요했다. FDB는 'Coop Danmark A/S'라는 자회사를 설립해 경영을 일임하는 대신 소비자협동조합의 정신을 유지하기 위해 뒤에서 최대주주 역할을 하고 있다. 이러한 사업 구조는 현재까지 지속되고 있다.

사람들의 의자, 모두를 위한 가구

20세기 초중반 소비자협동조합 FDB는 날로 번창하면서 규모가 커졌는데, 커진 규모에 맞게 당시 사회가 직면한 여러 가지 담론들에 대한 대안을 제시할 수 있을 정도로 역량을 갖추게 되었다. 이러한 일환으로 FDB는 1940년 자체 생산 품목의 일부로 가정용 가구를 포함하는 결정을 한다. FDB는 시민들을 위한 주거환경 개선을 목적으로 일련의 가구를 제작, 판매하기 시작했다.

FDB 가구의 목적은 명확했다. 중산층 및 저소득층이 구매할 만한 적정 가격의 좋은 디자인과 품질을 지닌 가구를 만드는 것이었다. 우선 주거 공간에 필요한 테이블과 의자 같은 기본 가구 제작을 출발점으로 삼았다. 질 좋고 낮은 단가의 가구 제작을 실현하기 위해 갖추어야 할 FDB 가구 디자인의 덕목은 간단했다. 가구 제작 과정에서 제작 가격을 인상시킬 수 있는 특수 공정을 배제하거나 이를 최소화한 디자인을 유지하는 것이었다. 단순화한 제작 과정으로 최상의 결과물을 얻기 위해 FDB 가구는 불필요한 장식은 뺐다. 대신 목재와 가죽의 물성을 최대한 살려 가구의 질은 높이면서도 제작은 용이하도록 하는 디자인 원칙을 수립했다. FDB 가구의 디자인 원칙 뒤에는 건축가이자 가구 디자이너인 뵈르게 모겐센Børge Mogensen(1914~1972)이 있었다.

뵈르게 모겐센은 덴마크 중산층의 주거환경에 큰 영향을 미친 디자이너였다. 뵈르게 모겐센의 관심은 아름답거나 남들이 시도하지 않은 실험적 가구 디자인에 있지 않았다. 그의 관심은 당시 덴마크 사람들에게 필요했던 저렴하고 내구성이 뛰어나며 기능적인 가구를 만드는 데 있었다. 그는 가구의 미적 가치 대신 가구 본연의 가치를 추구했고, 소수가 아닌 다수를 위한 민주적 디자인에 몰두했다.

뵈르게 모겐센의 가구 디자인은 장식을 철저히 배제한 기능주의에 뿌리를 두고 있다. 건축가이자 가구 디자이너로서 기능주의에 대한 믿음 위에 사람들에게 익숙하지 않은 산업재료를 사용하는 대신 목재나 가죽 같은 편안하고 익숙한 재료를 사용하려 했다. 그리고 이전까지 유행하였고 사람들에게 익숙한 장식이 많고 둔탁한 빅토리아식 가구에서 벗어나, 가볍지만 오래갈 수 있

자신이 디자인한 스페니시 체어Spanish Chair에 앉아 있는 뵈르게 모겐센. ⓒ Fredericia

는 현대적 가구를 만들고자 했다.

뵈르게 모겐센은 인체, 목재, 가구 유형에 대한 탐구로 많은 시간을 보냈다. 이러한 탐구는 그가 추구한 민주주의적 주거 문화를 지향하는 출발점이었다. 그는 그의 작품을 더 많은 대중이 구입할 수 있게 하기 위해 가격이 낮고 대량생산이 가능한 가구를 설계하는 데 경력의 상당 부분을 할애했다. 그렇기에 그의 가구는 단순하지만, 합리적인 사고가 배어 있다. 그의 작품은 정직함과 평온함을 느끼게 한다. 그는 박물관에 전시될 예술품이 아닌, 사람들을 위한 가구를 만들고 싶어했다.

그의 작품 중 많은 수는 덴마크가 사회민주주의 복지사회가 되는 과정에서 필요했던 학교, 요양원, 병원에서 사용되었다. 그의 디자인은 전후戰後 새 단독주택과 도심 공동주택에서 새로운 일상을 누리고 싶어하는 중산층에게 큰 영향을 주었다. 시민들이 경제적 부담을 느끼지 않고 큰 공간이 없더라도 합리적이고 세련된 방식으로 새로운 시대를 살아갈 수 있는 모델을 제안하고자 했던 것이다.

대중을 위한 가구 디자인에 대한 뵈르게 모겐센의 노력을 알아본 사람이 있었다. 덴마크왕립예술학교 건축과 교수였던 스틴 아일러 라스무센Steen Eiler Rasmussen이 그의 역량을 알아보고 FDB에 추천했으며, 당시 중산층을 위한 현대적이고 저렴한 가구를 개발하는 프로젝트를 진행 중이던 FDB는 가구 라인 총책임자로 뵈르게 모겐센을 임명하는 과감한 결정을 내렸다. 당시 그는 스물여덟 살에 불과했다.

뵈르게 모겐센의 첫 임무는 FDB가 판매할 가구의 전체 라인을 완전히 새롭게 개발하는 것이었다. 2년 후 FDB는 중산층을 위한 뵈르게 모겐센의 첫 번째 가구 라인을 발표했으며, 코펜하겐에 새로 가구점을 오픈하고 전시를 시작했다. FDB가 개발한 첫 번째 가구 라인은 크게 두 가지였는데, 중산층을 위한 가구 라인과 사회주택에 적합한 가구 라인이었다. FDB 가구 라인은 실용적이고 가변적이었다. 식탁의자는 오롯이 식사만을 위한 것이 아닌, 책을 읽을 때도 편히 사용할 수 있도록 고려되었다. 식탁은 평소 4인용이지만, 손님이 왔을 경우 12인까지 사용할 수 있도록 확장이 가능했다. 소파는 손님을 위해 침대로 변신이 가능하도록 디자인되었으며, 책장은 사용자의 필요에 따라 다양한 조합이 가능한 모듈러 가구로 만들어졌다.

모델 J39(1947)는 그의 민주적 디자인의 방향을 고스란히 보여주는 대표작 중 하나다. J39는 그의 스승이었던 카레 클린트가 디자인한 코펜하겐의 그룬트비 교회와 베들레헴 교회 내부에 있는 교회의자에 영감을 받아 디자인되었다. 카레 클린트는 교회 안의 가구를 디자인할 때 개신교 경건주의 교파 중 하나인 퀘이커교의 정신을 반영하고자 했다. 퀘이커교는 청교도 정신을 이어받아 인위적 권위와 전통을 인정하지 않고 성서에 철저한 성서주의적 입장을 고수하고 있었다. 그렇기에 낭비와 사치를 배격하고, 도덕적 엄격함과 순수성을 지향했다. 이와 같은 지향점은 카레 클린트가 디자인한 교회의자에 그대로 반영되어 있으며, 뵈르게 모겐센은 이를 계승하여 J39를 만들었다.

뵈르게 모겐센은 J39를 디자인하면서 카레 클린트의 교회의자를 오마주하되 좀 더 단순화했다. 목재 등받이를 하나의 부재로 통합하여 단순화하면서 약간 구부러지게 만들어 사용자에게 최적의 편안함을 주도록 했다. 이외에 강직하게 뻗은 4개의 다리와 그것을 연결하는 지지대로 구조를 완성하고, 종이 원사paper yarn로 좌석을 만들어 가죽보다는 저렴하지만 사용자가 편히 사용할 수 있도록 제작했다. 뵈르게 모겐센이 이 의자를 통해 전달하고자 한 가치는 의자의 아름다움이 아닌, 이용자가 합리적 가격에 최적의 편안함을 느끼며 좀 더 오랫동안 사용할 수 있는 구조적 합리성에 있었다. J39는 이후 '사람들의 의자'People's Chair

그룬트비 교회 내부에 들어서면, 단순하지만 고딕양식의 웅장함을 지닌 연속된 아치 구조물 아래에 펼쳐져 있는 카레 클린트의 교회의자들을 볼 수 있다. 뵈르게 모겐센은 스승 카레 클린트의 교회의자를 오마주하여 J39를 디자인했다.

라는 닉네임을 얻는다. 이는 J39의 기본에 충실한 간결한 디자인이 특별한 계층을 위한 것이 아닌, 모든 사람들을 위한 기능적 사고에서 비롯된 것이라는 점을 인정받은 결과일 것이다. 신기하게도 J39는 1947년 출시 이래 덴마크 가구 역사에서 가장 많이 팔린 의자라고 하니, 진정 '사람들의 의자'라는 닉네임에 부합하는 셈이다.

FDB와 뵈르게 모겐센은 FDB 가구의 대중화에 더욱 공격적으로 임했다. FDB는 전국에 가구 매장을 열고, 전국에 있는 협동조합 상점과 회원들에게 카탈로그를 배포했다. 또 영화《밝고 행복한 미래》를 제작했는데, 옛 가구에 둘러싸여 사는 모습과 FDB의 현대적 가구와 함께 지내는 일상을 교차편집하여 보여주며 새로운 미래상을 제시하고자 했다. 하지만 FDB와 뵈르게 모겐센의 이상을 품은 근대적 아이디어와 디자인은 당시 덴마크 사람들이 받아들이기에 그리 익숙하지 않았던 모양이다. FDB 가구의 지향은 당시 덴마크 중산층이 선호하던 육중하고 장식적인 빅토리아식 가구의 아늑함과 편안함에 대한 사람들의 인식을 뚫기에는 한계가 있었다.

대중을 위한 가구를 지향하는 뵈르게 모겐센과 FDB의 노력에도 불구하고 뵈르게 모겐센은 1950년 FDB를 떠날 때까지도 그의 작업에 대한 아쉬움을 떨치지 못했다고 한다. 그의 가구들은 덴마크 전역의 공공시설에서 광범위하게 이용되었지만, 그가 바라는 정도의 전방위적 사회운동이 되지는 못했다고 여겼던 것 같다. FDB 가구는 '모두를 위한 가구'라는 타이틀이 무색하게도 당

‘사람들의 의자’라고 불리는 J39는 기능 그 자체다. 곧게 뻗은 다리와 4개의 다리를 엇갈리며 고정해주는 수평빔, 무표정하지만 등을 받치기 편하도록 살짝 안으로 굽어 있는 넓은 등받이, 종이 원사로 만든 좌석. J39는 어떤 미사여구도 찾아볼 수 없다. 이 의자는 단순하지만 중성적이고 쉽게 질리지 않으며, 어떠한 공간에도 잘 어울린다. ⓒ Fredericia

시만 하더라도 중산층 이상 지식인층 그룹이 선호하는 가구로 인식되고 있었기 때문이다.

뵈르게 모겐센은 덴마크에서 가장 중요한 가구 디자이너 중 한 사람이다. 그는 덴마크 가구 역사에 중요한 작품들을 많이 남겼다. 생산·판매된 가구는 수백여 가지가 넘으며, 그가 남긴 그림과 스케치는 4,000건이 넘는다고 한다. 아마도 그는 덴마크 사람 개개인에게 가장 넓은 범위에서 직접적 영향을 미친 디자이너일 것이다. 그가 디자인한 가구 제품이 FDB라는 통로를 통해 덴마크 사회 및 개인에게 넓고 깊게 보급되었기 때문이다. 하지만 그의 이름은 동시대에 데니시 모던을 이끈 다른 디자이너들에 비해 상대적으로 널리 알려져 있지 않다. 그가 항시 FDB 가구라는 브랜드 뒤에 있었기 때문일 것이다. 다만 가구가 할 수 있는 사회적 역할을 그 무엇보다 높은 가치에 두고, 덴마크 사람들의 삶과 일상에 가장 깊숙이 녹아든 가구 디자인에 헌신한 사람이 뵈르게 모겐센이라는 점에 이견의 여지는 별로 없을 것이다.

공공주택을 대신하는 사회주택

저렴하면서 실험적인 사회주택

국가의 중요한 복지정책 중 하나는 안정적 주거 공급일 것이다. 주거 공급의 내용 중 핵심은 스스로 주택을 찾지 못하는 사람들이나 경제적 이유로 가족 구성원 수에 상응하는 최소한의 주거권을 누리지 못하는 사람들에게 정부의 직간접적 시장 개입과 다방면의 보조를 통해 주거를 제공한다는 것에 있을 것이다. 여기서 주거 제공의 방법은 크게 '공공주택'과 '사회주택'으로 나눠 설명할 수 있다. 공공주택이 정부의 직접적 주도하에 개발하는 것을 전제로 한다면, 사회주택은 비영리회사가 프로젝트를 직접 개발하고 정부가 그것을 간접적으로 지원한다는 것이 차이이다. 흔히들 공공주택과 사회주택을 혼용해서 쓰는데, 이는 정부의 개입 정도의 차이가 나라마다 혹은 프로젝트마다 다르기 때문에 기인하는 모호함일 것이다.

덴마크에 공공주택은 존재하지 않는다. 오직 사회주택만 존재할 뿐이다. 덴마크의 모든 사회주택은 민간 비영리회사에 의해 개발, 유지되고 있다. 대략 550여 개의 다양한 규모의 사회주택 회사가 덴마크 전역에 퍼져 있다. 덴마크에 있는 주택 중 대략 20퍼센트 넘는 수가 사회주택이라고 한다. 이는 전 유럽에서 네덜란드, 오스트리아 다음으로 높은 비율이다.

사회주택의 운영방식은 각 나라가 처한 환경 혹은 지향하는 이념에 따라 다르다. 덴마크 역시 덴마크 나름의 사회주택 모델을 가지고 있다. 덴마크의 사회주택은 덴마크어로 'almenbolig' 라고 하는데, 'almen'을 굳이 해석하자면 '일반적인' 혹은 '모든 사람들에게 적용되는' 정도로 풀이할 수 있다. 고로 사회주택은 '모든 사람들이 누릴 수 있는 주택'이라는 뜻이다. 이름 그대로 덴마크의 사회주택은 모든 사람들에게 적용된다. 입주하는 데 소득이나 재산에 대한 자격 제한은 없다. 이는 다른 유럽 국가에서는 찾아보기 어려운 덴마크만의 제도적 특징이다.

원한다면 누구나 사회주택을 신청할 수 있다. 심지어 백만장자도 원하면 사회주택에서 살 수 있다. 덴마크의 사회주택은 저소득층이나 소외계층만을 위한 주택이라는 편견이 다른 나라에 비해 심하지 않다. 실제로 덴마크 사람 중 60퍼센트 정도가 사회주택에 살아본 경험이 있다는 통계자료가 있을 정도다. 덴마크의 사회주택은 민간 임대주택에 비해 상당히 저렴한 월세를 내며, 기간 제한없이 평생 살 수도 있다. 주거 유형도 다양하고, 한 세대 크기가 통상적으로 130제곱미터 미만으로 다양할뿐더러, 자기가 살고 싶은 지역을 선택해 신청할 수도 있다.

신청하는 데 문턱이 없고 주거환경과 유형이 다양하다면 더 많은 사람들이 사회주택에서 살고 싶어하리란 것은 자명하다. 아무리 사회주택이 덴마크 전체 주택의 20퍼센트나 되는 비율을 차지한다고 하더라도, 그 많은 신청자 모두를 수용할 수 있는 수의 사회주택이 있을 리 만무하다. 지원자가 많다고 해서 무턱대고 사회주택을 더 지을 수 없는 노릇이니, 나름대로 시스템이 갖춰져 있어야 할 것이다. 그 나름의 시스템이란 살기 원하는 지역의 특정 사회주택 대기 명단에 자기 이름을 올리고 빈자리가 날 때까지 기다리는 방식이다. 그런데 이 대기라는 것이 한도 끝도 없다. 주거지로 인기가 높은 지역에 사회주택 얻기를 바란다면 몇 년 심지어 십수 년을 넘게 기다려야 하는 경우도 부지기수다. 물론 주거지역으로 인기가 덜한 곳이거나 도심이 아닌 경우에 비어 있는 사회주택들이 많은 것도 사실이다.

이쯤해서 '그래, 덴마크의 사회주택이 폭넓게 이용되고 있는 것은 알겠다. 그런데 중산층까지 사회주택을 차지해버리면 사회주택의 근본 목적인 경제적 이유로 주택을 가지지 못한 취약계층은 어떻게 집을 구하라는 말인가?'라는 의문이 들 수 있다. 이에 대해 알기 위해 덴마크 사회주택의 경제적 사업 구조를 어느 정도 살펴볼 필요가 있다. 지방정부는 사회주택 공급을 위해 사회주택 회사를 직간접적으로 지원하는데, 지원 방법은 예를 들어 다음과 같다. 사회주택 회사가 하나의 프로젝트를 시작할 때 전체 투자비용 중 지방정부가 전체 사업의 약 10~15퍼센트를 지원한다. 2퍼센트 정도는 세입자가 보증금 등으로 부담하고, 나머지 80~85퍼센트는 민간은행 저금리 모기지mortgage로 충당한다. 해당 비율은 시기에 따라 가변적이니 참고만 하면 된다. 그 후 세입자가 내는 월세는 주로 건물 관리와 모기지 상환에 쓰고, 부족분은 지방정부 기금을 통해 상환한다.

지방정부가 지원하는 만큼, 지방정부가 갖는 권한도 있다. 통상적으로 지방정부는 사회주택 회사가 만드는 세대수 총량의 최소 25퍼센트를 임의대로 배당할 수 있는 권리를 가진다. 이 25퍼

난민과 학생들을 위한 사회주택(설계: Vandkunsten). 덴마크 사회주택 회사 KAB와 덴마크 단열재 생산 회사 록울ROCKWOOL이 공동 출자한 이 사회주택 모델은 최근 급증한 해외 난민을 단순 수용하는 것을 넘어 그들이 덴마크 사회에 잘 적응할 수 있도록 제시된 아이디어로 볼 수 있다. 모든 세대 중 친화력과 타문화 수용력이 가장 좋은 대학생들과 사회에서 고립되기 쉬운 해외 젊은 난민들을 3대2 비율로 함께 받아들여 학생들에게는 저렴한 주거를, 난민들에게는 덴마크 사회에 적응할 수 있는 기회를 제공하고 있다. 또 단열재 생산 회사가 프로젝트에 함께 참여하면서 건설비를 줄이는 한편 새로운 단열 시스템의 테스트베드로 활용하는 기회로 삼고 있다.

센트는 지방정부 판단하에 주거지가 급히 필요한 취약계층에게 우선적으로 배당하는 것이다. 25퍼센트는 그저 기준일 뿐, 소셜 믹스social mix 혹은 비인기 주거지역 개선사업 등의 필요에 따라 지방정부가 새로 짓는 사회주택 100퍼센트의 배당권을 갖는 경우도 있다.

사회주택에 살 수 있는 기회를 어떤 방식으로 시민들에게 배당하는가에 대한 문제는 사회주택정책에서 가장 중요한 사안 중 하나다. 이 배당방식에서 덴마크의 이념적 지향이 드러난다. 복지정책의 수혜계층을 최대한 두껍게 만들어 취약계층을 특정하지 않는 것은 덴마크에서 볼 수 있는 특별한 방식이다. 모든 사람들에게 기회가 열려 있기에 사회주택이 전체 주거 문화의 일부로 자연스럽게 수용되어, 사회주택의 이미지가 상대적으로 긍정적이 되고 전 계층으로 확장될 수 있었다. 하지만 반대로 사회주택을 진정 필요로 하는 저소득계층에게 기회가 늦게 돌아간다는 이유로 덴마크 사회 내부적으로 우려 섞인 시선이 있는 것도 사실이다.

덴마크 사회주택 모델은 공급이라는 측면 이외에 건축적인 측면에서도 꽤나 긍정적으로 평가할 수 있다. 민간회사가 개발을 하게 되면 수익을 극대화하려고 하겠지만, 사회주택은 비영리회사에 의해 개발되는 프로젝트이다 보니 폭넓은 사용자를 대상으로 다양하고 새로운 주거 유형의 실험이 가능하다. 그리고 사회·환경적으로 지속가능한 주거 모델을 찾기 위한 투자가 어느 정도 가능하다는 장점이 있다. 한편 덴마크 사회주택 제도의 또 다른 측면은 사회주택 회사가 비영리로 운영된다고 하지만 그들도 나름대로 경쟁적 상황에 놓여 있다는 것이다. 민간 시장과 경쟁하고, 다른 수백여 곳의 사회주택 회사들과도 눈에 보이지 않는 경쟁을 한다. 기업 간 경쟁은 과하지만 않다면 고객에게 더 나은 품질과 선택권을 제공하는 환경을 만들기 마련이다. 덴마크 비영리 사회주택 회사들 간의 건강한 경쟁은 양적·질적으로 높은 수준의 주거환경을 지속적으로 제공할 수 있는 촉매제로 작용한다.

'사회주택 플러스' 모델

2005년 리트 비에르가르드Ritt Bjerregaard는 사회민주당 후보로 기존보다 훨씬 더 저렴한 임대료의 사회주택을 5,000세대 건설하겠다는 공약을 내걸고 코펜하겐 시장에 당선되었다. 비록 토지 및 건물 관리비의 지속적인 가격 상승과 정치적 이슈로 계획이 무산되었지만, 좀 더 저렴하게 공급할 수 있는 사회주택 모델에 대한 관심이 모아지는 계기가 되었다. 그리고 더 저렴한 사회주택에 대한 사회적 관심을 바탕으로 사회주택 회사 KAB는 '사회주택 플러스'AlmenBolig+라는 새로운 모델을 제시하였다.

KAB에서 제공하는 정보에 따르면, '사회주택 플러스' 모델은 여타 사회주택의 주거비보다 약 23퍼센트 정도 더 저렴하다고 한다. 이것이 어떻게 가능할까? '사회주택 플러스' 모델은 기존의

'사회주택 플러스' 모델.

사회주택보다 주거비용을 현격하게 낮추기 위한 몇 가지 전략을 가지고 있다.

첫째, '사회주택 플러스' 모델은 건축 공사비를 절감하기 위해 모듈러 하우징modular housing으로 짓는 것을 원칙으로 한다. 모듈러 하우징은 공장에서 미리 제작된 모듈 또는 유닛을 현장으로 운반하여 조립하는 주택 건축방식을 말한다. 모듈러 하우징의 장점은 공장 제작으로 품질을 균일하게 유지할 수 있는 동시에, 자재의 낭비가 적고 에너지 효율적인 설계가 가능하다는 것이다. 공장에서 대량생산을 하기 때문에 비용이 절감되고, 공사 기간도 단축할 수 있다. 모듈러 하우징은 덴마크같이 인건비가 높은 국가에서 건축비용을 절감할 수 있는 꽤나 좋은 방식이다.

둘째, '사회주택 플러스'의 세대 내부는 벽과 문을 최소화해 설계하는 방식을 통해 건축비용을 절감한다. 어떤 입주자에게는 불필요할 수도 있는 요소들을 과감히 생략하는 방식이다. 주민은 새로 입주할 때 혹은 아이가 생겨 가족 구성원이 늘었을 때처럼 필요한 경우에만 벽이나 문을 추가하여 방 개수를 늘리거나 집의 레이아웃을 임의로 변경할 수 있다. 이는 주민들이 좀 더 오랫동안 거주할 수 있는 유연성을 제공하는 한편, 자기 집에 대한 소유의식 혹은 소속감을 높인다.

셋째, '사회주택 플러스'는 3~5곳의 건축 프로젝트를 동시에 입찰에 부쳐 프로젝트 부피를 키움으로써 전체 공사비의 단가를 낮추는 방식을 사용한다. 이를테면 다섯 곳의 사회주택 프로젝트를 진행하기 위해 다섯 개의 시공사를 고용해 따로따로 진행하는 것이 아니라, 한 업체가 다섯 개의 프로젝트를 한꺼번에 입찰받게 된다고 가정해보자. 입찰받은 회사 입장에서는 규모의 경제에 따라 자원을 효율적으로 배분할 수 있고, 중복되는 작업을 최소화할 수 있기에 공사비를 전반적으로 낮게 책정하면서도 수익성을 유지할 수 있다. 물론 입찰방식의 투명성을 전제해야겠지만 말이다.

넷째, 건축비용 이외에 건물의 유지·관리 비용 역시 주거비를 줄이는 데 중요한 부분이다. 일단 '사회주택 플러스' 건물은 모두 에너지 저소비 주택으로 계획되기 때문에 난방비를 절감할 수 있다. 건물 청소와 유지·관리 비용도 주거비에 부담을 주는데, '사회주택 플러스' 모델은 건물 청소와 유지·관리를 주민들이 전담하도록 한다. 이를 통해 주민들은 유지·관리 비용을 줄일 수 있는 한편, 공동주택 단지를 함께 돌보기 때문에 이웃과도 좀 더 깊은 관계를 맺을 수 있다. 주거지를 공유하고 함께 돌본다는 공동체의식은 공동 노동과 행사 참여를 통해 더 단단해진다.

'사회주택 플러스'의 운영 방침은 공동체 운영에 대한 결정권을 해당 주택에 거주하는 주민들에게 최대한 보장한다는 것을 전제로 수립되었다. 단지 '사회주택 플러스'는 기본적인 운영 시스템과 노하우를 주민들에게 제공할 뿐이다. 단지별로 주민회가 조직되어 있고 중요 사안은 주민회의에서 함께 결정하도록 한다. 주민회가 건물 관리에 대해 공동 책임을 지기 때문에 세대별로 관리의 역할을 상세히 분배한다. 관리를 맡게 되는 '노동 그룹'은 단지마다 약간씩 차이가 있긴 하지만, 가령 난방 및 태양판을 책임지는 '기술 그룹', 쓰레기를 관리하는 '쓰레기 그룹', 제설작업을 하는 '겨울 그룹', 공동체 행사를 조직하는 '축제 그룹' 등이 있다. 물론 새로운 가구가 이사 오면 주민회의에서 대화를 통해 자신이 활동하고 싶은 공동 노동을 선택할 수 있다.

비영리 사회주택 회사는 사회주택 수를 늘리는 데만 목적이 있지 않다. 수익이 우선인 영리회사에서 시도하지 못하는 다양한 주거방식을 탐구하고 사회적으로 지속가능한 주거 모델을 제시하는 것은 사회주택을 보급하는 일만큼이나 중요한 비영리 사회주택 회사가 지향하는 가치이다.

파룸 센터, 근대 건축과 전원적 삶의 결합

제1차 세계대전이 끝나며 찾아온 경제 불황으로 코펜하겐 전체의 실업률이 높아졌고 임금이 줄어들었으며 물가는 계속해서 올랐다. 특히 건설 시장은 상황이 더욱 심각했는데, 건설 노동자의 임금이 낮았음에도 건설기술과 자재의 부족으로 건축비용은 매우 높았다. 이런 여러 가지 이유로 코펜하겐의 주택 공급은 수요가 넘쳐났음에도 턱없이 부족하기만 했다. 이와 같은 주택 수요에 대한 압박이 결국 덴마크의 전통적 주거방식과 주택 개발방식에 큰 변화를 가져왔다.

20세기 초반 코펜하겐에서 지어진 주거 유형은 크게 노동자 계층을 위한 도심의 대형 공동주택과 중산층을 위한 정원 딸린 개인주택으로 나뉠 수 있다. 지금은 당연하게 여겨지는 이러한 주거 유형은 이전까지 레케후스(로우하우스) 형식의 주택 개발이 주를 이루던 덴마크에서는 상대적으로 새로운 것이었다. 단층 혹은 복층 형태의 독립된 세대가 일렬로 길게 배열된 레케후스 형식은 대지에 비해 높은 밀도의 주택을 짓기에는 다소 적절치 않왔기 때문이다.

코펜하겐에서 주거 수요와 공급의 불균형은 사회민주주의 체제 초기 단계였던 덴마크 정부가 해결해야 할 가장 중요한 과제였다. 마침내 1920년대 초반 덴마크 정부가 저임금 수급자를 위한 사회주택 건설 보조금 지급 법을 통과시키면서 코펜하겐의 주택 개발 상황은 또 다른 국면으로 접어든다. 주택 문제는 당시 정부가 당면한 과제였으며, 고밀도 주거 개발이 필요한 상황에서 이런 유형의 사회주택 개발은 중요했다.

본격적인 건설 붐은 제2차 세계대전 이후 공공영역과 민간영역에서 동시에 폭발적으로 일어났다. 덴마크 역사상 이렇게 단기간에 많은 양의 주택이 지어진 적은 없었다. 코펜하겐 시내에서는 꿈도 꾸지 못할 정원 딸린 개인주택이 교외에 수도 없이 지어졌다. 동시에 정부는 사회주택 회사들과 함께 대규모 사회주택 사업을 진행했다. 특히 프리패브 콘크리트prefab concrete 시공기술이 자리 잡기 시작한 1960년대부터 건설기술에서 양질의 발전이 있었고, 그 기술들은 대규모 도시 개발 사업에 적용되기 시작했다.

전원적 삶의 동경, 새로운 모빌리티에 대한 기대, 대규모 도시 개발 사업, 건설기술의 진일보, 정부의 주택 복지정책 등 1960~1970년대 덴마크는 미래에 대한 희망의 에너지로 가득했다. 이 시대에 지어진 사회주택만 해도 20만 가구가 넘었다. 이 정도의 대규모 건설을 하기 위해 새로운 건축 및 도시 개념, 건축재료, 시공기술이 앞다투어 적용되었다. 그리고 바로 이 당시에 미래에 대한 낙관에서 비롯된, 전통적 주거방식으로부터 벗어나려 하는 덴마크에 전례가 없던 진취적 성향의 건축들이 사회주택 단지로서 코펜하겐 도시 외곽에 등장했다.

건축가 그룹 펠레스타이너스투은Fællestegnestuen은 덴마크 사회주택 회사 KAB와 함께 많은 수의 사회주택 단지 개발 프로젝트를 수행하였다. 특히 파룸 센터Farum Midtpunkt 단지 개발과 알버슬룬드Albertslund 남부 단지 개발 등은 당시 대규모 사회주택 단지 개발의 대표적 사례로, 규모 면에서나 건축 개념적 면에서 당시 덴마크에서는 전례 없는 파격적 계획안을 담고 있었다. 당시만 하더라도 덴마크는 주거 형태에 대해 보수성을 강하게 드러냈으며, 서구의 다른 사회에 비해 근대 건축 담론의 변방에 머물러 있었다. 이런 배경에서 실현된 파룸 센터는 다양한 면에서 굉장히 흥미로운 건축이었다.

코펜하겐 중앙역에서 기차로 40여 분 떨어진 곳에 위치한 파룸Farum은 1950년대까지만 해도 4,000여 명이 모여 사는 작은 마을이었는데, 코펜하겐 사람들이 교외로 이동하기 시작한 이후 인구는 20여 년 만에 4배인 16,000명으로 늘어났고, 이를 수용하기 위해 대규모 주택 개발이 이루어졌다. 이 중 가장 큰 규모가 파룸 센터 개발이었다. 1972년 완공된 대규모 주택 개발은 모든 면에서 매우 새로웠다. 우선 도시의 혼잡함에서 벗어나고자 하는 전원도시의 개념이 프로젝트 전반에 깔려 있었다. 사회주택이 어떻게 하면 정원 딸린 개인주택의 장점을 가질 수 있는지에 대한 고민은 공동주택임에도 불구하고 1,600세대가 작은 정원을 가진

벨라호이 사회주택 단지Bellahøj Almenbolig. 20세기 중반부터 토지 효율성, 교외에서의 삶에 대한 동경, 건축기술 발달 등으로 인해 꽤 많은 수의 대형 사회주택 프로젝트가 코펜하겐 주변에서 진행되었다. 1955년 완공된 벨라호이 사회주택 단지는 대규모 프로젝트 중 하나로, 29개 건물에 1300여 세대로 구성되어 있다. 덴마크 최초의 근대적 고층 주거 건물로, 70여 년이 지난 현재 구조 안정성의 문제로 전체적인 보강 보수 작업이 필요하지만 그 비용이 너무 커 철거를 하고 새 주택을 건설하자는 의견과 근대 문화 유산으로 보존해야 한다는 의견 사이에서 팽팽한 줄다리기가 진행 중이다. ⓒ Mogens Falk-Sørensen Københavns Stadsarkiv, CC-BY

테라스 하우스 타입으로 실현되었다. 그뿐만 아니라 새로운 건축 재료, 공법, 근대적 도시 건축 개념이 적용되었다.

배치는 최소 100미터가 넘는 장방형의 매스mass들이 서로 엇갈려 구성되는 것으로 계획되었다. 르 코르뷔지에Le Corbusier (1887~1965)의 필로티pilotis 개념을 이용해 건물을 지면에서 분리하고 필로티 하부는 전부 주차장으로 지었다. 보차분리步車分離 개념을 철저히 적용해 인도와 차도를 3차원적으로 분리했으며, 공중가로를 만들어 각종 주민시설과 상가들을 배치하고 대지 전체를 바라볼 수 있는 뷰포인트를 형성했다. 건물은 모두 프리캐스트precast 공법으로 시공되었으며, 외장재는 주거 건축으로는 유례를 찾아보기 어려운 코르텐강corten steel을 사용했다.

처음 사람들의 반응은 폭발적이었다. 공동주택 1,600세대가 순식간에 임대되었고 사람들은 그곳에서 나름대로 전원적 삶을 즐겼다. 전체 주민 4,000여 명이 보통 120제곱미터가 넘는 넉넉한 크기의 주거지에서 주거환경을 공유하는 파룸 센터는 전원적 삶을 대표하는 상징이 되었다. 집집마다 남향으로 난 적절한 크기의 테라스가 있고 높은 층고와 복층으로 이루어진 세대 내부는 열악한 코펜하겐 도심에 비해 매우 쾌적한 주거환경이었을 것이다.

그러나 폭발적인 반응은 그리 오래가지 못했다. 10년도 채 지나지 않아 주민들이 하나둘 떠나며 단지 전체가 슬럼화되기 시작했다. 우선 경제적으로 윤택해진 중산층 세대가 자기 정원이 있는 개인주택으로 이사를 나갔다. 건축 계획에도 문제가 많았다. 건물의 내부 공간이 너무 단조롭게 구성되었고, 건축가의 건축

파룸 센터는 연속된 테라스 하우스들이 선형으로 배치되어 있다. 중간중간 끊어져 있다고는 하나 다 합쳐 500여 미터나 되는 길이를 하나의 평면으로 반복하다 보니, 단지에 있으면 자신이 어디쯤에 위치하는지 가늠하기 어려울 정도다. 1층은 모두 필로티 하부 주차장으로 쓰여, 지면에서의 주민들 행동은 좀처럼 보기 어렵다. 건물과 건물 사이 공간은 길이라기보다는 사람들이 이용하지 않는 녹지에 불과한데 마치 진공 상태 같다.

파룸 센터의 주차장 상부 데크. 선형의 건물들은 모두 지상층은 필로티 하부 주차장으로 이용하고, 주차장 상부를 테라스나 옥외공간으로 사용하는 구조다. 당시 근대 건축가들이 메가스트럭처를 이야기할 때 등장하는 인공 대지의 모습이지만, 지면에 떠 있는 인공 대지로의 접근방식이 자연스럽지 못하다 보니 주민들이 옥외공간을 이용하는 빈도는 갈수록 줄어들 수밖에 없었다. 초기 교외의 삶에 들떠서 북적였을 이 공간은 이제 사람의 모습을 찾아보기 어렵다.

개념을 유지하기 위해 상대적으로 놓친 기본적이고 상식적인 요소들이 많았다.

건물 길이가 너무 길고 폭이 넓다 보니 각각의 세대로 진입하는 복도는 항상 어두워서, 끝이 보이지 않는 터널을 연상시킨다. 각 세대로 진입하는 현관을 위해 공간을 내어주거나 복도 사이사이에 유리를 통해 외부 빛을 유입하는 주민 커뮤니티 시설을 배치했지만, 거주민 수에 비해 공간이 너무 넓어 관리가 제대로 되지 않아 결국 쓰지 않는 짐들만 쌓여 있는 없느니만 못한 공간이 되어버렸다. 초기 수백 미터에 이르는 외부의 공중가로에는 다양한 편의시설과 상점들이 계획되었지만, 현재는 아무것도 남아 있

건물 내부로 들어서면 끝이 보이지 않는 긴 복도를 마주하게 된다. 길고 넓은 복도의 계획 의도는 실내에 외부 같은 가로환경을 만드는 것이었다. 건물과 건물 사이를 최대한 녹화시키는 대신, 내부의 긴 복도를 이용해 주민들이 소통하고 아이들이 놀 수 있는 환경을 만들고자 했다. 하지만 이 복도는 커뮤니티 시설을 통과해 들어오는 간접광을 제외하고는 빛이 거의 들지 않아 어둡다. 이제는 쓰이지 않는 넓은 폭의 복도가 황량함을 더하여 스산한 기운마저 느껴진다.

지 않다. 단지 내 외부의 선형 공간은 변화와 다양성이 없는 채로 수백여 미터 펼쳐져 있다. 아무리 자동차가 없는 길이라 할지라도 변화 없이 수백여 미터가 지속되는 선형 공간이라면 매력적인 환경을 만들어내기 어렵다. 거기에 사람들의 인적마저 드물어진다면, 이러한 도시 공간은 쉽사리 황폐해지고 만다.

파룸 센터는 덴마크 정부가 선정한 치안 및 환경 관리가 필요한 30개 지역에 포함되었을 정도로 50여 년 전 주민들로 북적이던 그 활기찬 모습은 이제 찾아볼 수 없게 되었다. 그나마 최근 실내와 옥외공간을 보수하는 작업을 하였지만, 본래 건축물이 가지고 있는 공간 계획적 한계는 어찌할 도리가 없어 보인다.

나를 포함해 이곳을 방문한 건축가 십중팔구는 다양한 근대 건축 및 전원도시의 개념을 교묘히 혼합한 파룸 센터를 매우 흥

파룸 센터 세대 내부의 모습. 세대의 크기와 모습은 다양하다. 세대마다 남향으로 난 적절한 크기의 테라스가 있고, 거실과 침실이 층별로 나뉜 복층형 세대 평면은 공동주택이지만 단독주택 같은 공간의 다양함을 만들어낸다.

미롭게 생각한다. 하지만 근대 건축가들이 꿈꾸던 요소들이 작동하는 이상적 환경이 되기에, 그리고 복잡하고 빠르게 변화하는 세상을 포용하기에 파룸 센터는 너무 거대하고 단조롭다.

서머뤼스트, 지역 커뮤니티의 유산

덴마크의 공공장소 중 유일하게 실내에서 담배를 피울 수 있는 곳이 있다. 동네마다 적어도 한 곳씩은 있는, 동네 아지트 역할을 하는 술집 '보데가'bodega이다. 동네 술집일지라도 그 특유의 분위기로 인해 덴마크에만 있는 특별한 장소로 인식된다. 보데가는 정도의 차이는 있지만 일반적으로 어두컴컴한 분위기에 담배 연기로 자욱하다. 보데가에 처음 들어가본 사람이라면 당장 뛰쳐나오고 싶을 정도다. 어두운 색의 목재를 사용한 인테리어, 벽에 붙어 있는 오래된 포스터들, 거기에 희미한 조명이 어우러져 보데가만의 분위기를 만들어낸다. 술값도 다른 곳에 비해 저렴하다. 이곳을 매일같이 자기 안방처럼 드나드는 동네 사람들도 있고, 알코올 중독자처럼 보이는 사람들도 더러 있지만, 주머니가 가벼운 대학생들이 들러 맥주 한잔하기에 알맞은 곳이다.

2007년 보데가는 존속이 어려워지는 상황에 처했다. 다른 나라같이 덴마크도 실내에서 흡연을 금하는 법을 제정했기 때문이다. 보데가는 실내 흡연 금지법에 가장 먼저 타격을 입을 장소였다. 보데가는 대부분 영세한 규모이기 때문에 실내에서 흡연을 하고자 하는 손님을 잃는다면 영업에 어려움을 겪을 것이 불 보듯 뻔했다. 여기서 정부는 40제곱미터 미만의 보데가에서는 실내 흡연을 할 수 있도록 하는 예외조항을 두는 유연성을 발휘한다. 면적 40제곱미터 이상인 곳도 실내에 흡연구역을 별도로 설치하면 실내 흡연을 허가받을 수 있었다. 지역 커뮤니티와 영세 사업자를 고려하는 정부 결정으로 보데가의 존속이 가능해졌다. 이 예외조항 덕분에 보데가는 도시 곳곳에서 전통을 이으며, 여전히 담배 연기 자욱한 채로 동네 사랑방 역할을 하고 있다.

2000년대 후반 코펜하겐 아마게르 지역에 위치한 건물 하나가 철거될 예정이라는 소식이 지역사회에 퍼졌고 작지 않은 반발이 있었다. 아무리 노후해서 안전에 문제가 있더라도 코펜하겐에서 기존 건물을 철거하는 일은 흔치 않아 지역사회의 주목을 받는 것은 자연스러웠다. 하지만 더 큰 문제는 철거될 건물에 지역 주민들이 즐겨 이용하던 서머뤼스트Summerlyst라는 보데가가 포함되어 있다는 것이었다. 보데가의 철거는 지역 공동체 전통의 지속이라는 측면에서 여느 다른 가게가 문을 닫는 것과는 큰 차이가 있었다.

결국 코펜하겐시의 의지대로 해당 건물의 철거는 관철되었지만, 지역 주민들의 비토 정서 때문에 이곳은 한동안 공터로 남겨져 있을 수밖에 없었다. 시간이 지나 코펜하겐시는 서머뤼스트가 있던 자리에 새로운 공동주택을 위한 건축설계 공모를 발표했다. 새롭게 지어질 건물의 사회적 역할을 건축설계 공모를 통해 미리 수립하고 사업자는 나중에 찾는 방식이었다. 사업자가 먼저 정해지면 아무래도 계획안이 사업자의 입맛에 따라 결정될 가능성이 있기 때문일 것이다.

우리 어반에이전시는 예전에 서머뤼스트가 지녔던 지역 커뮤니티에 대한 역할을 인식하고, 새로운 건축이 주민 공동체 및 지역사회와 관계 맺을 수 있는 안을 제시하였고 결국 공모에 당선되었다. 추후 비영리 사회주택 회사 도메아Domea가 토지 매입을 결정하고, 전체 계획안은 사회주택의 요구조건에 맞춰 다시금 수정되는 과정을 거쳤다.

공동주택은 130제곱미터 미만으로 계획하되, 공사비 및 관리비의 절감이 요구되었다. 설계 초기의 안에서 우리가 제안한 공용주방 및 공용식당 등 공용시설은 모두 재검토되어야 했다. 건물은 장방형의 5층 미만 규모였다. 계단실 하나를 단 두 세대가 공유하는 방식으로 계획할 경우, 전체 세대 수에 비해 계단과 승강기의 수가 과하게 많아져야 했다. 특히 사회주택의 한정된 공사비 및 관리비용을 고려할 때 전혀 다른 방식의 접근이 필요했다.

우리는 장방형의 건물에 계단실을 단 두 곳만 설치하는 방식으로 계획을 진행했다. 계단실의 수를 줄이는 대신 폭이 넉넉한 옥외 통로를 계획했다. 우리는 이 공간이 단순한 통로가 아닌 도시에서의 '길' 역할을 해주길 바랐다. 이곳에서 주민들은 아침저녁으로 매일 마주친다. 폭이 넉넉하다 보니 주민들은 작지만 알찬 외부 공간을 세대마다 가질 수 있게 되었다. 우리가 만든 건물 위의 '길'은 중정을 향하고 있다. 주민들은 이 '길'을 통해 집

사회주택 서머뤼스트. ⓒ Urban Agency

중정을 품고 있는 사회주택 서머뤼스트. 폭이 넉넉한 옥외 통로는 주민들이 매일 마주치는 장소이자, 날씨가 좋은 날이면 각 세대마다 크지는 않지만 주민들이 일광욕을 할 수 있는 테라스 공간을 제공한다. © Urban Agency

에 들고 나갈 때마다 중정 곳곳을 바라보며 통행하기 때문에 중정 공간은 쓸 일이 더 잦아지고 그럴수록 더 안전하게 관리할 수 있다. 주민들 간 소통이 자연스럽게 이루어지는 것은 두말할 나위 없다.

우리는 적은 수의 계단실과 건물 위의 길을 만드는 과정에서 다양한 주거 형태를 제안할 수 있었다. 큰 테라스를 가진 세대, 복층 세대, 심지어 한 세대가 3개 층으로 구성되어 있는 곳도 있다. 건물은 비록 28세대로 구성된 크지 않은 규모이지만, 이 안에는 11개의 완전히 다른 주거 형태가 있다. 혹자는 이러한 다양성을 가진 사회주택이 비효율적이거나 형평성에 문제가 있다는 의문을 제기할 수도 있다. 하지만 모든 사람들이 신청할 수 있을뿐더러 입주자 자신이 원하는 세대를 신청할 수 있는 덴마크의 사회주택 시스템은 이러한 다양성을 가능하게 만든다. 오랫동안 자기 차례를 기다려야 하지만 말이다.

우리가 계획한 사회주택의 공식 명칭은 '서머뤼스트'이다. 이전에 있던 보데가 이름 그대로이다. 모습은 전혀 다르지만 보데가 서머뤼스트가 지역사회에서 했던 역할을 이 사회주택이 조금이나마 수행해주길 바라는 마음이 있기 때문이다.

1:1,000 scale

작은 땅이 주는 위로

도시생활로부터의 해방감

코펜하겐 시민 중 중산층 정도면 자기 집에서 차로 한두 시간 거리에 주말 별장을 소유하고 있는 경우가 흔하다. 주말 별장을 직접 소유하지 않더라도 적어도 부모님이나 형제 중 한 사람 정도는 주말 별장을 소유하고 있는 경우가 많다. 그렇기 때문에 자연 속에서 가족 친지와 함께 주말을 보내는 여유는 코펜하겐 사람들이 꽤 일반적으로 누리는 일상의 모습이다. 만일 주말 별장의 가격이나 거리가 부담스럽다면 선택할 수 있는 다른 대안이 있다. 바로 도시와 교외 지역 경계에 있는 시민농장kolonihave이다.

시민농장의 전체 대지는 조합이 소유하며, 대지는 잘게 나누어 조합원들에게 배정된다. 조합원들은 토지를 배정받고 그곳에서 경작 같은 일을 할 수 있다. 조합원 한 명에게 할당된 토지 크기는 대개 400제곱미터를 넘지 않는다. 그 안에서 일정 규모의 오두막이나 온실 등을 지을 수 있다. 단 건물 크기는 통상적으로 50제곱미터 미만으로 제한된다.

현재 덴마크에 있는 62,000여 개의 시민농장 중 절반 정도인 30,000여 개가 코펜하겐 주변에 집중적으로 분포한다. 이들 대부분이 코펜하겐에 인접해 있거나 도심과 가깝다. 대부분 시민농장은 퇴근 후 자전거로 10분에서 30분 정도면 다다를 수 있는 거리에 위치한다. 이로 인해 시민농장은 시민들이 주말뿐 아니라 평일에도 퇴근 후 부담 없이 가서 시간을 보낼 수 있는 일상의 장소

지금은 코펜하겐 도심이 된 베스터브로 지역에 있던 1900년 무렵의 시민농장. 당시는 사진 찍을 기회가 흔치 않았겠으니, 한껏 차려입고 농사일 하는 모습을 촬영한 것이 이해가 가면서도 어색해 보이는 건 어쩔 수 없다. ⓒ Københavns Museum

가 되었다.

시민농장은 법적으로 개인 주거지로 이용이 불가능하다. 개인 주소를 등재할 수 없을뿐더러, 겨울철에는 상하수도 서비스조차 제공되지 않는다. 1년 중 따뜻한 6~8개월 정도만 이용이 가능할 뿐, 겨울에는 이용할 수 없는 것도 이런 이유이다. 그렇기에 시민농장 중에서는 전기시설이 제대로 갖추어져 있지 않은 곳도 있으며, 심지어 어떤 곳은 주방은 고사하고 변변한 화장실조차 갖추지 못한 경우도 있다. 하지만 시민농장에서 문명의 이기의 부

시민농장에 값진 가구나 물건은 왠지 어울리지 않는다. 시민농장에서 문명의 이기의 부재는 사람들에게 답답한 도시로부터의 해방감을 선사한다.

재는 사람들에게 불편보다는 답답한 도시로부터의 해방감을 선사한다. 시민농장에서 사람들은 여름철에 자신이 소유한 필지에서 소규모 경작을 하며 수확의 기쁨을 누리고, 아이들은 이곳에서 체험 학습을 할 수 있다. 또 가족과 친구를 초대해 직접 수확한 채소를 대접하고 휴식을 취하기도 한다.

시민농장의 또 다른 매력은 자기가 짓고 싶은 건물을 손수 지을 수 있다는 점이다. 시민농장 조합원들 대부분은 손수 건물을 짓거나 보수한다. 건축가는 필요 없다. 건물이 완벽한 모습을 갖추어야 할 이유도 없다. 그들은 직접 건축 자재들을 하나하나 차에 싣고 와서 한 달이든 1년이든 자기 손으로 직접 건물을 짓는다. 겨울에는 쓰지 않으니 단열에 큰 신경을 쓰지 않아도 되기 때

문에, 전문적인 건축 지식이 없어도 손재주만 있다면 누구나 충분히 시도해볼 만하다. 지인은 주말마다 조금씩 짬을 내어 손수 집을 짓다 보니 조그마한 거처 하나 완성하는 데 3년이란 시간이 걸렸다고 한다.

그곳에서 감자나 야채를 키우며 친구나 가족들과 바비큐를 한다. 비가 올 때에는 잠시 비를 피할 덮개만 마련해놓으면 된다. 시민농장은 건축 법규에 별다른 제한을 받지 않는다. 오직 해당 시민농장 조합에서 정한 아주 기본적 규범만이 있을 뿐이다. 예를 들어 건물은 단층일 것, 화재에 대비해 건물은 필지 경계선에서 3미터 이상 이격시킬 것, 담장 높이는 낮게 할 것 등이다. 시민농장 하나하나는 집주인의 노동 흔적을 그대로 보여주며 허름할지언정 나름의 개성을 지니고 있다.

시민농장의 의미와 가치

시민농장 개념은 덴마크 이외에 북유럽 다른 국가들이나 영국, 독일, 네덜란드 등 서유럽 등지에도 널리 퍼져 있다. 시민농장의 시작이 독일이라는 설, 덴마크라는 설이 있지만, 대략 예전에 덴마크 영토였다가 현재 독일의 영토가 된 홀슈타인 지역에서 처음 생겼다는 것이 정설로 여겨지고 있다. 그래도 경작할 수 있는 땅을 도시인에게 직접 임대하는 복지 차원에서의 시민농장 개념은 코펜하

시민농장에 지어진 주택의 다채로운 모습.

겐이 시발점이라고 할 수 있다.

19세기 중후반 코펜하겐의 인구 집중이 심화되었으며 도심은 포화 상태였다. 상하수도 시설은 부족했고 위생 상태는 갈수록 나빠졌다. 17세기에 정비된 성곽은 너무 노후했고, 성곽으로 둘러싸인 코펜하겐은 도시 확장이 불가피했다. 결국 1868년 코펜하겐은 성곽을 허물어뜨리기로 했다. 오랫동안 지속되어온 코펜하겐의 물리적 경계가 무너진 것이다. 이후 코펜하겐의 도시 팽창은 빠르게 진행되었으며 전국 각지에서 일거리를 찾는 사람들이 코펜하겐으로 몰려들었다.

직장을 찾아 시골에서 상경한 노동자들은 당장 살 곳이 필요했다. 증가하는 주택 수요를 충당하기 위해 코펜하겐 외곽에 5층 규모의 고밀도 건물이 우후죽순 지어지기 시작했고, 주거환경은 열악해졌으며, 가구당 면적은 점점 작아졌다. 시골에서 농사를 짓다가 도시로 상경한 노동자들은 비좁고 열악한 코펜하겐의 도시환경에 적응하기 힘들었다. 이런 상황에서 노동자들의 권리를 대변하기 위해 1891년 코펜하겐 주변에 처음으로 시민농장조합이 결성되었다. '노동자의 방어'Arbejdernes Værn라고 하는 시민농장조합은 코펜하겐 성곽 외부에 시민농장을 조성하여 고향 땅을 그리워하는 조합원들에게 싸게 임대했다. 이것이 코펜하겐 주변 시민농장의 출발이자, 도시의 노동자들이 자기 땅에서 여가를 누릴 기회를 얻은 최초의 사례였다. 전통적으로 조합의 문화가 축적되고 발달한 덴마크였기에 가능했을 테지만, 100여 년 전에 노동자에 대한 이 정도의 사회적 배려가 가능했다는 것이 놀라울

네룸Nærum 지역의 '둥근 정원'De Runde Haver. 덴마크 시민농장은 대개 직방형으로 계획되어 있으나, 때로 '둥근 정원'처럼 특이한 형태를 지닌 곳도 볼 수 있다.
© Hagai Agmon-Snir. Wikimedia Commons

따름이다.

코펜하겐 주변의 시민농장 수는 급격하게 늘어났다. 노동자들은 평일에는 도심에서 일하고 주말에는 자기 농장에서 농작물을 심으며 시간을 보낼 수 있었다. 뿐만 아니라 가족이 먹을 수 있는 채소나 과일을 스스로 구할 수도 있었다. 시민농장은 도시 노동자들에게 향수를 달랠 수 있는 위안의 공간이자, 먹을거리를 자급자족할 수 있는 생계 수단이었다.

노동자들이 시민농장을 자주 드나들기 위해 농장까지 쉽게 접근하는 것이 중요했다. 그래서 농장 대부분은 코펜하겐 도심 가까운 곳에 조성되었다. 농장이 주거지에 인접해 있어야 이동 시간을 최대한 줄여 경작에 시간을 좀 더 투자할 수 있었기 때문이다. 20세기에 두 번의 세계대전을 겪는 동안 부족한 식량을 충당하기 위한 목적으로 시민농장 수는 더 늘어났다. 시민농장은 이러한 역사적 과정을 거치며 20세기 중반까지 코펜하겐 내 도시 조직의 일부로 존재하며 지속될 수 있었다.

제2차 세계대전이 끝난 이후 경제가 성장하면서 끼니 걱정은 점차 사라졌다. 채소는 집 근처 슈퍼마켓 어디서나 손쉽게 사 먹을 수 있게 되었다. 중산층은 차를 소유하기 시작했으며, 차를 이용해 한적하고 집에서 멀리 떨어진 주말 별장을 오갔다. 사람들은 점차 시민농장에 매력을 덜 느끼게 되었다.

시민농장 터가 하나둘씩 도시 개발지역으로 포함되면서 제2차 세계대전 당시 10만 개이던 시민농장 수는 현재 62,000여 개로 줄었다. 개발의 압력에도 불구하고 시민농장이 이 정도라도 남을 수 있었던 것은 정부의 시민농장 유지정책의 힘이 크게 작용했기 때문이다. 덴마크 정부는 시민농장을 유지하는 정책 기조를 지켜왔다. 특히 덴마크 의회가 지난 2001년 현존하는 모든 시민농장을 영구 보존토록 하는 법을 통과시킴으로써, 시민농장은 코펜하겐 도시 조직의 하나로 영구히 남을 수 있게 되었다. 시민농장의 사회적 가치를 인정하고 개발의 압박에서 시민농장을 보존하려는 올바르고 용기 있는 결정이었다.

시민농장은 지난 100여 년 동안 덴마크 사회의 역사적 부침과 함께한 살아 있는 문화 유산이다. 시민농장의 의미와 가치는 시대의 요구에 따라 달리 해석된다. 시민농장은 가난한 도시 노동자들의 향수병을 달래는 위로의 공간이었고, 전쟁시에는 식량을 자급자족할 수 있는 수단이었다. 코펜하겐에 건설 붐이 일었을 때는 도시의 무분별한 개발을 억지하는 그린벨트 역할을 했으며, 주말 별장이 비싸서 구입하지 못하는 사람들을 위한 대안으로 존재하며 빈부 격차에 따른 사회적 박탈감을 줄이는 역할을 했다. 시민농장은 오늘날 도시 안에서 전원생활을 즐길 수 있다는 장점으로 그 가치를 다시금 인정받고 있으며, 도시의 일상을 좀 더 풍요롭게 하는 데 일조하고 있다.

1:10,000 scale

익명적이면서도 소속되고 연결되어 있다는

코펜하겐은 크게 10개 권역으로 이루어져 있다. 그중 도심이라 할 수 있는 권역은 5개 정도다. 그중 베스터브로Vesterbro는 구도심 바로 왼편에 위치한다. 19세기 초반부터 농촌 인구가 코펜하겐으로 대거 유입되면서 주거지를 확보할 필요가 있었고, 예전 코펜하겐을 둘러싼 성벽에서 서쪽 문과 연계되어 본격적으로 도시가 확장하기 시작한 지역이 베스터브로다. 그렇기에 베스터브로에는 코펜하겐이 본격적으로 확장하기 위한 도시 기반시설이 자리 잡았는데, 중앙역을 비롯해 티볼리 공원, 도축장 등 거대 시설들이 바로 그것이다. 이런 거대 시설 주변에 흔히 볼 수 있는 홍등가도 생겨났으며, 이곳에 거리의 매춘부, 마약거래상 등이 모여들었다.

베스터브로의 빠른 도시화는 주로 노동자계층 대상의 민간 임대주택 개발로 진행되었다. 빠르게 도시화가 진행되는 탓에 베스터브로 공동주택의 질은 형편없었다. 지하실에 공용 샤워실과 화장실이 있기는 했지만, 세대 내 샤워실은 물론이고 화장실이 없는 경우도 많았다. 주거환경뿐 아니라 도시 공간도 여러모로 정비가 안 되어 쾌적한 도시환경과는 거리가 멀었다. 1960년대 경제 호황기를 맞아 어느 정도 부를 축적한 사람들이 베스터브로를 떠나 교외로 이주했다. 그리고 그 자리는 오롯이 사회적 취약계층과 이민자들이 차지하게 되었다.

1989년 코펜하겐시는 베스터브로의 주거환경을 개선하기 위해 속칭 '베스터브로 프로젝트'를 출범했다. 베스터브로 프로젝트는 도시의 주거환경을 개선하는 한편, 젠트리피케이션을 최소화하려는 목표를 가지고 시작되었다. 1980년대 앞서 이루어진 뇌레브로Nørrebro 재개발 프로젝트(코펜하겐의 다른 권역)에서 노후 건물을 철거하고 새로 건설하는 탑다운 개발방식은 주민들의 반발과 소요 사태를 야기했다. 베스터브로 프로젝트는 이를 본보기 삼아 건물 철거는 최대한 지양하고, 대부분의 건물을 보존하되 개축하는 방식으로 진행되었다. 또 다른 쟁점은 원주민의 반강제적 이주를 최소화하기 위해 어떻게 사회적 합의를 이루어낼 수 있는가 하는 것이었다. 주거환경이 개선된 이후에 올라갈 여지가 있는 임대료의 상한선을 정책화하자는 등 논의가 있었지만, 정부가 도입한 해법은 바로 협동조합주택이었다.

덴마크의 주거 소유 개념 중 하나인 협동조합주택에 대해 알아보자. 덴마크의 주거 형태는 소유 개념에 따라 크게 개인소유주택, 사회주택, 민간 임대주택, 협동조합주택으로 나눌 수 있다. 개인소유주택ejerbolig은 우리가 흔히 아는 개인 소유의 일반적 주거 형태를 말하는데, 공동주택과 개인주택을 포함한다. 임대주택lejebolig은 정부 지원을 받는 비영리회사에 의해 개발 및 임대되는 사회주택과 개인 혹은 회사가 건물이나 단위 세대를 보유하고 임대를 주는 민간 임대주택으로 나뉜다. 마지막으로 협동조합주택andelsbolig은 조합이 건물 전체를 소유하고, 구성원인 조합원이 건물의 지분을 소유하는 방식이다.

서구에서 협동조합주택은 19세기 말부터 시작되었고, 두 번

뷔거언 소요 사태. 코펜하겐시는 베스터브로 프로젝트에 앞서, 뇌레브로 지역에서 노후한 건물을 철거하는 방향의 개발 계획을 실시했다. 1973년 시는 뇌레브로의 몇몇 건물들을 철거했고, 주민들은 몇 년 동안 진척이 없는 빈터에 아이들의 놀이터를 만들어 생명력을 불어넣었다. 주민들은 이 놀이터를 '건설자'라는 뜻으로 '뷔거언'Byggeren이라 불렀고, '뷔거언'은 시민들에게 사랑받는 장소가 되었다. 하지만 코펜하겐시는 1979년 4월 주민들이 만든 놀이터를 철거하고 새 건물을 짓기로 결정했고 이에 코펜하겐 시민들은 시위단체를 조직하여 정부 결정에 반대하는 시위를 벌였는데, 덴마크에서는 흔치 않은 대규모 소요 사태로까지 이어졌다. 결국 시와 시민단체의 강대강 대결 속에서 뇌레브로 정비사업은 기존 건물을 대부분 철거하고 재건축하는 쪽으로 일단락되었다. 하지만 그중 몇 곳의 '뷔거언'은 지금도 남아 있다. 뇌레브로 정비사업에 대한 사회적 논의 후에 시행된 베스터브로 프로젝트는 자연스럽게 기존 지역의 틀을 최대한 유지하는 방향으로 진행되었다. ⓒ Søren Dyck-Madsen. Wikimedia Commons

의 세계대전 이후 부족한 주택를 공급하기 위해 각 나라가 처한 상황에 맞게 발전되었다. 덴마크 주거 문화에서 협동조합주택이 차지하는 비중은 코펜하겐 주거의 약 30퍼센트를 차지할 정도로 상당하다. 코펜하겐에서 협동조합주택이 자리 잡게 된 배경에는 19세기부터 지속되어온 덴마크의 협동조합 문화가 있다. 초기의 주택협동조합은 주로 비슷한 직업, 사회적 지위, 정치적 성향을 가진 노동자들이 결성했고, 협동조합주택은 일상을 공유하는 공동체 주거co-housing의 모습은 아닐지라도 어느 정도 정치적 성격을 띠었으며 조합원들 간에 강한 결속력이 있었다. 노동조합은 정부의 관련 세금 감면과 정부 보증 융자를 통해 새 주택을 건설하거나 기존 건물을 매입하여 주택협동조합을 구성할 수 있었다.

초기 협동조합주택 모델은 조합원이 매월 임대료를 지불하는 방식을 통해 해당 조합의 지분을 소유하는 구조였다. 대신 실제로 사용하고 있는 세대에 대한 소유권은 인정받지 못했다. 따라서 조합원은 타인에게 특정 기간 주택을 임대할 수 있지만, 매매하여 차익을 얻을 수는 없었다. 이와 같은 소유 개념이 뿌리내리기까지 개인 부동산을 기득권층의 전유물로 간주하는 당시 노동자들의 사회주의적 인식과 노동자와 저소득층의 주거 안정을 지지하는 정부의 보조가 한몫했다. 초기 협동조합주택은 사회주택과 얼추 비슷하다고 생각하면 될 듯하다. 프로젝트를 실행하는 주체가 비영리 사회주택 회사가 아닌, 이익단체인 협동조합이라는 차이가 있을 뿐이다.

다시 베스터브로 지역으로 돌아가보자. 베스터브로 프로젝트가 실행되기 이전의 집들은 민간 임대로 운영되는 경우가 대부분이었는데, 정부는 민간 임대 공동주택을 협동조합주택으로 바꿀 수 있도록 지원하고 장려했다. 재산세 감면과 국가 보증 대출을 통해 주거 시장에 간접적으로 개입하여 주택 임대료를 관리하고자 한 것이다. 저렴한 임대료를 유지하는 것은 매우 중요했다. 원주민들이 좀 더 나은 주거환경에서 살 수 있도록 지원하는 것만큼이나 상승한 임대료 때문에 그들이 삶의 터전을 떠나야 하는 상황을 미연에 막는 것도 중요했기 때문이다.

베스터브로 주거 건물의 옛 모습(1974). 베스터브로 프로젝트 이전 주거 건물들의 상태는 지금과는 비교할 수 없을 정도로 노후해 있었다. 코펜하겐시는 도시 정비를 위해 낙후된 건물을 철거하고 다시 지을지, 부분적으로 개선할지 결정을 내릴 시점에 있었다.

베스터브로의 주거환경은 정부 보조를 받는 협동조합에 의해 차츰 개선되었다. 협동조합은 건물을 민간사업자로부터 구매하고, 새 협동조합주택이 동시다발적으로 설립되었다. 이와 동시에 정부는 베스터브로 한복판에 있던 홍등가를 폐쇄하고 도시 공간을 개선해나갔다. 베스터브로는 눈에 띄게 삶의 질이 좋아졌다. 화장실과 샤워실이 없는 세대가 사라지고, 모든 공동주택이 지역 난방과 연결되었다.

베스터브로 협동조합주택은 점진적 과정을 거쳐 이 지역 전체 주거 중 무려 52퍼센트를 차지하게 되었다. 베스터브로는 조합원들의 도시라고 불러도 크게 틀린 말은 아닐 듯하다. 1980~1990년대 협동조합주택 모델은 시민들에게 큰 인기를 얻으며 코펜하겐 전역에 급속하게 퍼졌다. 하지만 사회민주주의의 토대를 만든 사회민주당의 장기 집권이 막을 내리고, 2001년 우파 성향의 자유당Venstre이 정권을 잡으면서 협동조합주택은 새로운 국면을 맞이했다. 이는 베스터브로에도 큰 변화가 찾아왔음을 의미했다.

초기 협동조합주택 모델의 융자는 오로지 조합을 통해서만 이루어졌기 때문에, 여러 가지 세제정책을 통해 정부가 임대료 책정에 개입하는 것이 어느 정도 가능했다. 그런데 2005년 자유당은 협동조합주택 지분을 개인 융자를 통해 구입할 수 있도록 허용했다. 조합 지원에 들어가는 보조 금액을 줄여 정부의 재정 지출을 낮추고자 한 것이다. 이는 협동조합주택을 사회주택 모델이 아닌, 준민간 공동주택 모델로 바꾸는 방아쇠가 되었다. 조합

지역 주민들이 모여 수백 미터 길이의 벼룩시장을 열고 있는 어느 가을날 베스터브로의 풍경이다. 전체 주거 중 52퍼센트가 협동조합주택으로 구성되어 있는 베스터브로 지역에서 지역 행사 참여율은 다른 지역에 비해 다소 높은 듯하다.

원들은 새 정부의 정책이 출범하자 협동조합주택 건물 전체의 가치를 시장에서 재평가받기를 원했다. 협동조합주택의 시장 가치는 폭등했다.

덴마크의 복지정책은 1970년대 오일쇼크와 경제 불황을 기점으로 점점 축소되었다. 이러한 상황에서 협동조합주택 모델의 변화는 어찌 보면 불가피한 일이었을지도 모르지만, 이 변화 속에서 저소득층을 위한 덴마크 주거복지의 한 축이 무너졌다는 점은 부인할 수 없다. 정부는 주택정책 관련 지출을 상당히 줄일 수 있게 되었지만 말이다.

현재 협동조합주택의 이념적 성격은 상당 부분 사라졌다. 조합의 중개를 통한 개인적 매매도 가능해졌다. 예전에는 큰 목돈이 없더라도 조합원이 되면 협동조합주택에서 살 수 있었다면, 이제는 꽤 큰 목돈을 주고 조합원의 자격을 사야 하는 격이 되었다. 이런 이유로 협동조합주택 주민 계층은 노동자계층 혹은 저소득층에서 일반 중산층까지 넓어졌다. 베스터브로 지역 구성원은 크게 바뀌었는데, 기존 베스터브로 주민들은 폭등한 협동조합주택의 지분을 팔아 다른 곳으로 이주했고, 그 자리에 중산층 가정에서 자란 젊은 세대가 대거 유입되었다. 아무리 가격이 올랐다고 해도 일반 개인소유주택에 비해 여전히 저렴했기 때문에 젊은 세대가 입주하기에는 비교적 합리적인 조건이었다. 여유가 있는 부모는 자녀들이 협동조합주택에서 독립생활을 시작할 수 있도록 경제적 지원을 해주는 경우가 많았다. 베스터브로 프로젝트가 출발했을 때 우려했던 젠트리피케이션이 본격화된 것이다.

지속적으로 도시 공간이 정비되면서 새로 입주한 젊은 세대가 베스터브로를 코펜하겐에서 가장 트렌디한 지역으로 바꾸었다. 보통 코펜하겐에서는 베스터브로를 힙스터 지역이라고 부른다. 기존 베스터브로의 다양성과 젊은 세대의 트렌디함이 공존하기 때문이다. 다른 관점에서 보자면 베스터브로는 원주민의 삶과 새로운 문화가 첨예하게 부딪치는 곳이라는 말이기도 하다.

한국에 전세라는 개념이 있듯이, 각 나라는 그들의 역사, 경제, 사회 이념에 따라 독자적인 주거 소유 개념이 있기 마련이다. 한국의 전세제도는 급속한 경제 성장과 '부동산 불패'라는 전례 없는 부동산 호황 속에서 자라난 우리나라에만 존재하는 기형적인 주거 임대 개념이다. 주거 소유의 개념은 서류상으로만 차이가 있을 뿐 건물 외관으로 표출되지 않지만, 전세제도를 통해 한국의 개발 역사를 설명할 수 있듯이 주거 소유 개념을 통해 덴마크 사회의 단면을 살펴보는 것도 가능하다.

변화를 겪었다고는 하지만 협동조합주택 모델은 아직까지도 사회적으로 큰 가치를 지닌다. 우선 협동조합주택은 덴마크 주거 유형의 한 축으로서 시민들의 주거 안정에 큰 역할을 한다. 협동조합주택은 일반 개인소유 공동주택에 비해 상당히 저렴하여 진입 문턱이 낮은데, 가격이 절반 이하인 경우가 대부분이다. 거주민이 한 세대를 오롯이 소유하지 않고 조합원으로 편입해 소유하는 방식이 개인소유 주거와 자연스레 가격 차이를 만들어낸다. 따라서 막 독립한 대학생이나 젊은 커플들에게는 경제적으로 꽤나 합리적인 주거방식이라고 할 수 있다.

협동조합주택은 익명적인 도시에 사는 현대인에게 여전히 공동체의식과 유대감 형성이라는 가치를 줄 수 있다. 핵가족 시대에 사는 도시인들은 프라이버시를 보장받기를 원하며 사회 내에

협동조합주택에서 공동 작업을 하는 모습. 협동조합마다 다르겠지만 1년에 봄, 가을 두 번 정도 있는 공동 작업은 강제성을 크게 띠지는 않는다. 공동 작업일은 주민회의 때 사전에 공지되며, 보통 참여가 가능한 주민만 함께한다. 공동 작업은 같이 아침식사를 하면서 이런저런 이야기를 나누며 그날의 업무를 배분하는 것으로 시작한다.

서 익명적으로 살아가는 동시에 어디엔가 속해 있다는 소속감과 누군가와 연결돼 있다는 유대감을 바라기도 한다. 협동조합주택은 현대의 도시 사회에서 사는 사람들의 이러한 이율배반적 욕구를 충족할 수 있는 대안으로 그 의미를 찾을 수 있다.

협동조합주택은 주민들이 자율적으로 건물 운영방식을 결정하는 민주적인 자가 조직체의 성격을 띤다. 협동조합주택 내에는 주민 간 내부 규약이 존재한다. 내부 규약에는 공동 융자금의 상환 같은 금융행정 관련 항목뿐 아니라, 건물 유지 관리, 공용공간 청소 같은 사소한 사항까지 망라되어 있는데, 이는 모두 주민회의를 통해 결정된다. 주민총회의는 보통 1년에 두 번 정도 열리고, 이때 선출된 조합장과 대의원이 임기 동안 협동조합주택의 여러 사안들을 주민들에게 알리고 동의를 구하게 된다.

협동조합주택 내에서 주민들이 서로 관계를 맺고 결속력을 높이는 실질적 계기는 공동 노동이다. 협동조합주택에 이주하면 보통 건물 유지 관리, 공동 융자금 상환 등의 명목으로 매달 일정한 금액을 내야 한다. 조합의 재정 및 건물 상태가 같지 않기 때문에 이 금액은 조합마다 천차만별이다. 이때 주민들이 건물 유지 관리에 참여하는 경우 그 비용을 줄일 수 있기 때문에, 주민들은 손수 공동 노동 작업에 참여하려고 한다. 공동 노동 작업 대부분은 자율 참여로 이루어지며, 작업의 유형과 범위는 주민회의에서 결정한다.

이를테면 주민회의실 관리, 공용공간 관리, 조경, 조합 홈페이지 관리, 쓰레기 수거 등의 공동 작업은 주민의 직업 혹은 관심사에 따라 분배된다. 주민들은 공동 작업을 통해 이웃들과 관계를 맺으며 그 속에서 결속을 다진다. 공동 작업이 강제성을 띠는 것은 아니다. 덴마크 사람들은 공동체 활동에 참여하는 것이 익숙하기 때문에 굳이 참여를 강제할 필요가 없다고도 생각할 수 있다.

협동조합주택은 민주적인 자가 조직체로서, 단절되기 쉬운 이웃 간 관계를 돈독히 하고 도시 주거에서 교류 영역의 확장을 가져올 수 있는 대안으로 중요한 의미를 가진다. 코펜하겐을 가득 채우고 있는 5층 규모의 중정형 공동주택 중 어느 것이 협동조합주택인지 분간해내는 것은 거의 불가능하다. 다만 주민들 간의 조금은 특별한 관계에서 협동조합주택의 특징이 드러날 뿐이다.

4

사람과 도시

자동차에 불친절한 도시

자동차를 소유하기 어려운 조건

덴마크는 자동차에 불친절하다. 우선 자동차 소유의 문턱이 높다. 덴마크는 일반 세율이 세계에서 가장 높은 나라에 속하기도 하지만, 특히 자동차에 대해서는 지나치다 싶을 정도의 높은 세금을 매긴다. 덴마크에서 내연차를 살 경우 이런저런 자동차 구입 관련 세금을 합산해보면 자동차 가격의 150~180퍼센트를 훌쩍 넘긴다. 결과적으로 실제 가격의 2.5배 이상을 주고 차를 사야 하는 꼴이니 덴마크에서 차를 소유한다는 것은 말처럼 그리 간단한 일이 아니다. 자동차에 대한 고율의 세금정책을 펼치는 것은 덴마크에 자동차 산업이 없기 때문이기도 하다. 자동차 산업이 크게 발전한 인접 국가 독일과 스웨덴의 경우 자국 산업을 보호하기 위해 자동차 고세율 정책은 꿈도 꾸지 못한다는 것을 보아도 그렇다. 그렇기는 해도 자동차 이용률을 줄이고 대체 교통수단의 안정화에 집중하여 환경과 교통 문제를 해결하려는 덴마크 정부의 강한 의지는 의심할 여지가 없다.

덴마크 사람들은 고급 자동차를 특유의 따가운 시선으로 바라본다. 만약 어떤 이가 고가의 차량을 가지고 있다면, 그 주변 사람들은 어느 정도 색안경을 끼고 그를 바라볼 것이다. 자기 과시에 불편함을 느끼는 덴마크 사람들의 특성 때문이다. 근거리를 대중교통이나 자전거로 이동하지 않고 자동차로 이동할 때에도 그리 곱지 않은 시선을 감내해야 하는 것이 보통이다. 내 주변의 젊은 세대 대부분은 자동차를 가지고 있지 않다. 시내에서는 자전거나 대중교통이면 충분하고, 필요하다면 렌트를 하거나 공유 차량을 이용하면 되기에 그리 불편하지 않다. 물론 정도의 차이는 있겠지만 젊은 세대가 처음 차량 구매를 생각하는 시기는 아이가 생겼거나, 별장을 마련해 주말마다 교외로 나가야 할 때 정도일 것이다. 자동차에 대한 덴마크 특유의 불편한 시선은 도시환경에도 큰 영향을 미쳤다. 도시환경 역시 자동차에 불친절하다는 말이다.

스트로읏, 차가 없는 거리

스트로읏Strøget은 크고 작은 상점과 분위기 좋은 레스토랑, 카페들로 가득한 코펜하겐 시내의 대표적인 쇼핑 거리다. 스트로읏의 숨어 있는 작은 광장들과 오래된 교회들은 도시 공간에 생명력을 불어넣는다. 평일, 주말 할 것 없이 코펜하겐 시민과 관광객들의 발길이 끊이지 않는다. 스트로읏은 거리를 활보하는 쇼핑객들, 길거리 공연을 보기 위해 삼삼오오 모여 있는 사람들, 노천카페에서 점심을 즐기는 사람들로 항상 붐비고 활력이 넘친다.

70년 전만 해도 스트로읏은 지금과 사뭇 다른 모습을 하고 있었다. 1950년대 당시 코펜하겐은 개인 차량의 이용이 급증하면서 교통 체증으로 몸살을 앓고 있었다. 스트로읏은 코펜하겐 중심가로서 교통 체증을 심각하게 겪던 지역이었다. 도로는 차들로 넘쳐났지만, 도로 옆 인도는 너무 좁았다. 인도에는 보행자들의 흐름만 있을 뿐 그곳에서 앉아 쉰다거나 하는 행동은 도무지 할 수 없는 상황이었다.

1950년대 크리스마스 시즌에 코펜하겐시는 스트로읫 일부를 막아 차량을 통제하고 사람들만 통행할 수 있도록 하는 보행자 전용 보도 계획을 시범적으로 실시했다. 이 단기간의 이벤트는 당시 코펜하겐 시민들에게 큰 호응을 얻으며 코펜하겐 도시계획사에 큰 변곡점이 되었다. 자동차가 없는 거리를 경험한 시민들의 열띤 호응에 자신감을 얻은 코펜하겐시는 스트로읫을 보행자 가로화를 적극 검토하고 추진했다. 1962년 첫 도로 철거 및 보행자

보행자 가로화가 되기 전 스트로읫 모습(1955). 예전 스트로읫은 자동차와 사람이 섞여 있어 혼잡했다. 시내 중심가여서 인파로 항시 붐볐지만 사람들이 즐길 만한 도시 이벤트가 일어날 수 없는 상황이었다. ⓒ Mogens Falk-Sørensen Københavns Stadsarkiv, CC-BY

가로화 공사가 시작되었다. 적용 구역이 점차 확대되면서 스트로을은 이제 차를 위한 거리가 아닌 사람들을 위한 도시 공간으로 모습을 갖추었다. 교통 체증의 중심이었던 코펜하겐 중심가가 보행자 가로화 시행 이후 일순간에 사람 중심의 평화롭고 쾌적한 도시환경으로 탈바꿈한 일대 사건이었다.

스트로을은 하나의 거리 이름이 아니다. 코펜하겐 시청 광장으로부터 뉘하운까지 이어지는 보행자 거리 구역을 통틀어 일컫는 명칭이다. 1962년 공사를 시작으로 1968년, 1973년, 1980년, 1992년 총 다섯 차례에 걸쳐 그 영역을 점차 확대해나가 현재 보행자 전용 거리의 길이는 전부 합쳐 약 3.2킬로미터로 세계에서 가장 길다고 한다. 세계 최초의 보행자 거리는 1953년 완공된 네덜란드 로테르담의 린반Lijnbaan인데, 린반은 제2차 세계대전 당시의 폭격 이후 폐허가 된 도시를 재건하는 과정에서 새로운 도시계획의 일부로서 보행자 거리가 계획된 것이다. 이와 다르게 스트로을은 기존 교통 중심의 도로를 보행자 거리로 탈바꿈한 첫 사례로서, 진행 과정에서의 난이도와 그 의미는 린반과 큰 차이가 있다. 스트로을이 세계에서 가장 오래된 보행자 전용 거리로 일컬어지는 이유가 여기에 있다.

코펜하겐 도심을 보행자 전용 거리로 만들고자 하는 시도는 당시 주변 상인들의 반대에 부딪혔다. 덴마크 건축가 얀 겔Jan Gehl(1936~)은 『삶이 있는 도시디자인』*Life between Buildings*에서 당시 상황을 비교적 상세히 설명한다. 얀 겔은 당시만 해도 덴마크 사람들에게 도시 영역의 공공화라는 개념이 그리 익숙하지 않았다고 말한다. 덴마크 사람들은 그때까지 바깥에서 시간을 보내기보다 차로 효율적이고 빠르게 이동하여 집이나 카페 등 실내에서 즐기는 여유가 더 중요하다고 생각했기 때문이다. 심지어 당시 언론은 '우리는 덴마크 사람이지 이탈리아인이 아니다' 혹은 '야외에 있는 공공의 공간을 이용하는 것은 우리의 노르딕 정서에 맞지 않는다' 같은 적대적 기사를 쏟아내기도 했다.

상인들과 언론의 우려와는 다르게, 스트로을의 보행자 가로화가 시행되자마자 차가 사라진 이 새로운 도시 공간에 이전에 볼 수 없었던 엄청나게 많은 사람이 몰려들었다. 주변 상권이 더 커지고 다양한 상업시설이 늘어났다. 사거리는 도시 광장으로 바뀌고 그 주변은 분수대와 노천카페가 생겨났다. 스트로을로 차를 가지고 나올 필요가 없어졌기 때문에 도시 전역에서 시내로 향하는 차량이 줄었다. 도심 보행자 가로화는 시내 중심가의 교통량을 줄이는 효과뿐 아니라, 중심가로 향하는 교통량도 줄였기에 이는 다시 도시 전역의 교통량을 줄이는 결과를 가져왔다. 말 그대로 도시 공간, 공공영역을 확대하면서 스트로을뿐 아니라 도시 전역의 교통량을 줄이는 두 마리 토끼를 잡은 것이다.

스트로을이 지금의 모습에 이르기까지, 단순히 차도를 인도로 바꾸는 정책적 과정만 있었던 것은 아니다. 단순히 차가 길에 다니지 않는다고 해서 매력적인 도시 공간이 되는 것은 아니기 때문이다. 거리에는 사람들이 만나고 오랫동안 머물 수 있는 세심한 공간 계획이 필요했다. 스트로을 보행자 가로화 성공의 핵심은 광장에 있었다. 스트로을의 보행자 거리는 광장에서 시작해

보행자 가로화가 된 이후 스트로을 내 아마게르토우Amagertorv. 아마게르토우는 18세기까지는 장터로서 번잡하였고, 20세기 전까지는 마차로, 1962년까지는 자동차로 북적였다. 현재의 아마게르토우는 거리를 활보하는 사람들로 북적인다.
ⓒ Frankix_Adobe Stock

또 다른 광장에서 끝이 난다. 스트로을은 시청 앞 광장에서 시작해 콩겐스뉘토우Kongens Nytorv('왕의 새로운 광장'이라는 뜻)까지 이어지는 1.3킬로미터의 길을 주축으로 한다. 그사이에 크고 작은 광장들이 중간중간 배치되어 보행자들이 힘들 때면 잠시 쉬어 갈 수 있는 공간을 제공한다. 광장들은 각각의 다른 공간감과 정체성을 가지고 있다. 광장 중앙에는 각기 다른 기념비나 조각작품이 배치되고, 광장 바닥의 패턴도 서로 다르게 디자인되었다. 보행자들은 광장을 지나치고 광장에서 잠시 시간을 보내면서 다 다른 분위기를 체험하는 한편, 이를 통해 스트로을 내에서 자기 위치를 인지할 수도 있다. 광장을 향해 마주보고 있는 노천카페도 분위기를 만드는 데 한몫을 한다.

이런 도시 내부의 변화는 단계적이고 전략적인 계획에 따라 진행되었기에 가능했다. 자동차를 몰아내고 보행자를 위해 거리와 광장을 정비하는 일련의 과정들이 단계적으로 천천히 진행되었다. 시간이 소요되는 점진적 변화는 자가용을 이용하던 도시인의 생활 패턴을 자전거나 대중교통을 이용하는 생활 패턴으로 바꿀 수 있는 시간적 여유를 주었다. 코

코펜하겐에서는 차량이 통제되는 날이 부지기수다. 도시 규모가 그리 크지 않다 보니, 마라톤이나 퍼레이드 등 도시 스케일의 큰 행사가 있는 날은 도시 대부분에서 차량이 통제된다. 이런 날 시내 중심가에 사는 사람이 차를 이용해야 한다면 그 전날 밤에 차를 시내에서 미리 빼놓는 것이 좋은 방법일 것이다. 대형 행사 이외에도 도로를 임시로 막아놓고 시민들에게 차량 없는 도시환경을 체험케 하는 행사가 도시 곳곳에서 계속 일어나고 있다.

펜하겐 사람들은 오랜 과정을 지켜보며 자동차 없는, 사람을 위한 공공영역이 오늘날 도시에 어떤 영향을 미칠 수 있는지 그 누구보다 가까이서 경험했다. 이 소중한 경험이 코펜하겐 도시 공간을 지속적으로 풍성하게 만드는 에너지의 원천으로 작용했을 것이다.

지하에서 지상으로

코펜하겐 주변에 새롭게 개발되고 있는 지역 몇몇 곳에서도 자동차에 대한 불친절함은 계속된다. 신新개발지역에 지어진 건물에는 통상적으로 지하 주차장이 없다. 대신 일정 구역의 차량을 수용할 수 있을 만한 간격으로 주차장 건물이 지상에 계획된다. 이때 차량의 일상적인 통행은 지역 초입부와 주차장을 연결하는 중심 도로에 주로 집중된다. 집 앞까지 큰 가구를 옮겨야 한다든지 잠시 자기 집 앞에 주차해야 하는 경우를 제외하고 주민들은 비가 오나 눈이 오나 주차장 건물에 주차를 하고 다시금 집으로 걸어가야 한다. 이러한 교통 구조는 새로 개발되는 지역의 도시계획을 수립하는 과정에 유연성을 제공하고, 실제 도시 공간의 질을 엄청나게 향상시킨다.

각 필지마다 지하 주차장을 만들지 않고 하나의 지상 주차장 건물에 지역의 주차를 집중시키는 경우, 통상적인 도시 공간과 비교하여 다양한 차이가 생긴다. 우선 개발지역의 아스팔트 도로 양을 최소화할 수 있다. 대신 대부분의 이면 가로는 자동차-보행자 혼용이 아니면 보행자 전용으로 계획하는 것이 가능해진다. 이 경우 지역 전체가 보행자 가로화가 되기 때문에 아이들이 안전하게 뛰어놀 수 있는 도시 공간을 만들 수 있고, 건물과 건물 사이에 다양한 도시 공간 계획이 가능해진다.

통상적으로 지하 주차장을 효율적으로 만들기 위해서는 적정 규모 이상의 필지가 필요하다. 이 과정에서 대부분의 건물 크기가 커지게 되거나 비슷해질 수밖에 없는 도시계획의 한계가 생긴다. 반대로 지하 주차장을 고려하지 않고 도시를 계획할 경우에는 필지 규모에 대한 고민에서 자유로워질 수 있다. 지하 주차장이 없기 때문에 도시계획시 다양한 필지 크기와 규모의 건물들을 자유롭게 분산시킬 수 있고, 다양한 규모와 건축 유형의 건물이 공존하는 도시환경을 만들 수 있는 기틀을 마련할 수 있다.

지하 주차장을 만들지 않아 생기는 이점은 도시 공간의 질에만 국한되지 않는다. 주택 가격 안정과 환경에 미치는 영향은 서로 비교할 수 없을 만큼의 차이를 만들어낸다. 우선 각 필지에 지하 주차장을 모두 만드는 경우 소모되는 콘크리트 양과 공사 기간에 배출되는 탄소 발자국을 대폭 줄일 수 있다. 개별 필지는 민간사업자에게 입찰방식으로 팔리게 되는데, 지하 주차장을 만들지 않는다면 사업자는 지하 공사에 들어가는 비용을 절약할 수 있다. 통상적으로 지하 공사는 공사 기간이 길고 시공 난도가 높기 때문에 전체 공사비에 큰 영향을 미친다. 지하 공사를 하지 않을 경우 공사비 상당 부분을 절감할 수 있기에, 지하 주차장 유무는 주택 가격과 직접적으로 연결되어 있다. 더욱이 새롭게 개발되는 지역의 많은 부분은 비영리 사회주택 회사가 짓는 사회주택에 할당되는데, 공사비 절감은 사회주택 가격을 안정화하는 데 큰 역할을 한다. 민간영역에서는 공사비를 많이 들이고 비싼 가격에 주택을 판매할 수 있다고 해도, 사회주택은 임대료가 고정되어 있다 보니 공사비가 과도하게 지출되면 사업 자체가 성립되지 않는다.

신개발지역 한편을 차지하는 지상 주차장 건물은 일종의 공공건물이다. 민간으로 유지되는 경우도 있지만 코펜하겐의 도시개발과 항만 운영을 담당하는 덴마크 공기업 뷔오하운By & Havn이 주차장을 소유, 관리하기도 한다. 공기업이 운영한다 하여 주차비가 저렴한 것도 아니다. 구도심의 노상 주차비보다 훨씬 비싸다. 다만 주차장이 공공영역에 포함되어 있다는 것은 주차장 역할 이외에 또 다른 공공의 역할을 할 수 있는 여지가 있음을 의미한다.

코펜하겐 북부에 위치한 기존 항만시설인 노하운 지역의 도시화가 진행되고 있는데, 그곳에 들어선 첫 번째 주차장 건물인 파크앤플레이PARK'N'PLAY(야야 아키텍츠JAJA Architects 설계)는 도시 내 주차장 건물의 새로운 가능성을 보여주고 있다. 파크앤플레이는 주차장과 놀이터가 결합된 하이브리드 구조물로, 단순한 도시 기반시설을 넘어선다. 이 주차장 건물은 9층 건물 옥상에 놀이터를 만들어 새로운 도시 공간을 시민들에게 제공하는 한편, 9층까

파크앤플레이. 중저층의 건물로 구성되는 도시에서 옥상층은 활용할 여지가 많다. 파크앤플레이의 옥상층은 그리 높지 않아 바람이 세지 않고, 코펜하겐 앞바다의 열린 뷰를 만끽할 수 있다. 더욱이 주차장같이 폭이 여유로운 건물인 경우 옥상의 활용도는 무궁무진하다.

지 힘들게 걸어 올라간 관광객들에게 코펜하겐 앞바다의 탁트인 뷰를 선사한다.

또 다른 사례로, 코펜하겐 남부의 신개발지역 외레스테드Ørestad에 위치한 비야케잉겔스그룹Bjarke Ingels Group(BIG)과 제이디에스 아키텍츠JDS Architects가 공동 설계한 마운틴 드웰링Mountain Dwelling은 지상 주차장을 공동주택과 결합하는 계획이었다. 설

마운틴 드웰링. 전 국토가 평평한 덴마크에서 산은 나름대로 동경의 대상이다. 건축가는 주차장 위에 공동주택을 지음으로써 언젠가 언덕 위 집에 살아봤으면 하는 덴마크인들의 욕구를 자극한다. 그리고 주차장 입면 알루미늄 패널에 에베레스트산을 타공하여 위트 있는 표현을 더했다. ⓒ Ramblersen. Wikimedia Commons

계 초반, 건축주는 도시계획에 따라 주거 건물과 주차 건물이 분리된 두 개 건물을 따로 만들어줄 것을 요청했다. 하지만 건축가들은 작은 규모의 비효율적인 지상 주차장을 만들기보다 두 개의 필지를 하나로 합쳐 주차장 공간을 충분히 크게 만들고, 그 위에 테라스형 공동주택을 덮어씌우는 설계안을 제시했다. 지상 주차장은 공동주택을 떠받치는 산의 지형으로 이용하고, 그 위에 개인 정원이 있는 정남향의 주택들을 가지런히 얹어 배치하는 아이디어였다. 이렇게 주차장에 성격이 전혀 다른 도시 프로그램을 결합하면 건축가들에게는 새로운 상상력을 펼칠 수 있는 장이 마련된다. 이 또한 지상 주차장이 도시계획에 있어 가지는 잠재력이라고 볼 수 있을 것이다.

코펜하겐은 자동차에 매우 불친절한 도시다. 걷거나 자전거로 시내를 이동하면 불편하지 않지만, 자동차로 이동하는 순간 코펜하겐은 전혀 다른 도시로 느껴진다. 자동차로 시내에 들어가면, 우선 주차 공간을 찾는 것이 문제다. 시내 도로는 일방향이 흔하고, 막다른 길도 부지기수이기에 짧은 거리를 가는 데도 크게 우회해야 하는 경우가 많다. 운이 없으면 좁은 골목길에서 앞뒤가 꽉 막혀 이러지도 저러지도 못하는 상황이 생길 수도 있다.

코펜하겐에서 자동차를 소유한다는 것은 그리 녹록한 일이 아니다. 비싼 자동차값 이외에도 비싼 주차비용, 차를 집에서 꽤나 떨어진 곳에 주차해야 하는 불편함을 감수해야만 자동차를 소유할 수 있다. 이것저것 계산해보면 결국 자전거나 대중교통이 자동차보다 훨씬 빠르고 편하다는 것을 어렵지 않게 알 수 있다.

지하 주차장이 없는 신도시는 건물과 건물 사이에 다양한 공원을 품을 수 있다. 신도시로 들어오는 입구에서 주차장 건물까지 연결하는 아스팔트 도로 이외의 나머지 공간은 차로부터 자유로워지기 때문이다.

자전거 중심 도시

자전거, 빠르고 효율적인 교통수단

코펜하겐은 자전거의 도시이다. 학생, 직장인, 정치인, 노동자 등 신분 여하에 상관없이 코펜하겐 사람이면 누구나 자전거를 이용한다. 도시 어느 곳이든 장소에 상관없이, 사계절 언제든, 눈이 오건 비가 오건 날씨도 상관없다. 코펜하겐 거리는 자전거를 타고 출퇴근하거나 등하교하는 직장인과 십대 청소년, 부모와 함께 자전거를 타고 있는 아이들로 항상 가득하다. 자전거를 타는 데 특별한 복장이 필요하지도 않다. 크게 속도를 내지 않으면 땀을 흘리지 않기에 목적지에 도착해 씻어야 할 필요도 없다. 자전거 위에서 음악이나 라디오를 들을 수도 있다. 하이힐을 신어도 상관없고, 장을 보고 물건을 실은 시장바구니를 앞뒤로 얹고 달려도 문제될 것이 없다. 아동 전용 좌석을 자전거에 설치해두면 유치원에서 아이를 안전하게 데려올 수도 있다.

자전거를 사용하는 사람들이 많고 다양한 만큼 자전거 가지수도 다양하다. 자전거를 통해 사람들의 개별적 스타일과 취향을 짐작해볼 수도 있다. 기능성을 중요시하는 사람의 자전거는 안정적이고 두꺼운 프레임에 앞뒤로 바구니가 달려 있는 게 보통이다. 멋을 부리거나 운동을 좋아하는 사람들의 자전거는 프레임이 얇고 색깔도 가지각색인 경우가 많다. 어떤 사람들은 자전거에 꽃을 달아 멋을 내기도 하고, 어떤 자전거는 아이 서넛은 넉넉히 태울 수 있는 큰 짐칸이 달려 있기도 하다. 짐칸이 앞이나 뒤에

달린 자전거를 카고바이크라고 부르는데, 코펜하겐 가정 4분의 1은 카고바이크를 가지고 있을 정도다. 이 밖에 페달이 두 쌍 달린 2인용 자전거, 개인이 스스로 조립한 세상에 하나밖에 없는 자전거 등 종류도 셀 수 없이 많다. 각각의 개성을 드러내는 자전거들은 코펜하겐만의 특별한 도시 풍광을 만들어낸다.

2019년 코펜하겐시가 내놓은 통계자료를 보면, 전체 코펜하겐 시민 중 49퍼센트가 자전거로 등하교하고 출퇴근한다. 49퍼센트가 높은 수치이기는 하지만 실제 체감하는 자전거 이용률은 더 높다. 코펜하겐 아침 출근 시간에 자동차 정체 현상은 몇몇 곳을 빼고는 볼 수 없지만, 자전거 도로는 어느 곳이나 출근하는 사람들로 북적인다. 가령 코펜하겐 시내와 주거지역을 연결하는 뇌레브로길Nørrebrogade은 자전거를 타는 사람들로 항시 붐비며, 특히 출근길에는 자전거 정체 현상까지 벌어진다. 이에 코펜하겐시는 뇌레브로길의 기존 차로 수를 줄이고 대신 자전거 도로 폭을 대폭 늘리는 작업을 진행했다. 차도보다 더 넓은 자전거 도로 폭을 가진 뇌레브로길은 코펜하겐이 추구하는 자전거 관련 교통정책 방향을 고스란히 보여준다.

코펜하겐 사람들이 자전거를 선호하는 이유에 대한 답은 뜻밖에 간단하다. 자전거가 코펜하겐에서 가장 빠르고 편리한 교통수단이기 때문이다. 그리고 자전거를 타면서 자연스럽게 얻을 수 있는 건강과 자동차를 사용하지 않음으로써 발생하는 환경 보호의 측면도 중요하다. 그렇더라도 자전거가 도시 내에서 효율적 교통수단이 아니라면 자전거 이용률이 높지 않을 것은 자명하다.

코펜하겐은 자전거 도로를 좀 더 안전하게 유지하는 방법으로 자전거 도로와 자동차 도로 사이에 노상주차 구획을 끼워넣었다. 주차된 자동차를 안전망으로 활용하는 방식이다. 길의 폭에 여유가 있다면, 인도, 자전거 도로, 노상주차 구획, 자동차 도로 순으로 배치한다. 매우 단순한 방식이지만 다른 나라 도시에서는 좀처럼 찾아보기 어려운 코펜하겐식 모델이다.

실제로 대부분의 사람들은 자전거가 시내에서 이용할 수 있는 가장 빠르고 효율적인 교통수단이라고 생각한다. 코펜하겐 시내에서 자전거를 이용하면 자동차에 비해 시간이 더 적게 걸리거나 거의 차이가 없다. 어떻게 이런 일이 가능할까?

첫째, 코펜하겐의 크기와 지형을 들 수 있다. 코펜하겐의 그리 크지 않은 크기는 자전거가 교통수단으로서 최적의 효율을 내기에 적합하다. 자전거 도로와 기반시설이 잘 되어 있어도 목적지가 자전거로 두세 시간 걸리는 거리라면 자동차보다 빠르게 이동하는 것은 불가능할 것이다. 목적지에 도착하기도 전에 이미 지쳐버릴 것이기 때문이다.

코펜하겐 인구는 60여 만 명에 불과하다. 코펜하겐은 행정구역상 면적이 86제곱킬로미터로 605제곱킬로미터인 서울 같은 대도시와 비교하면 작은 도시라고 할 수 있다. 도시가 작기 때문에 생기는 장점과 단점이 있겠지만, 아무래도 자전거를 타기에는 작은 도시가 용이할 것이다. 코펜하겐은 자전거로 30~40분 정도면 충분히 가로지를 수 있는 크기다. 도시 어디에서든 중심가까지 자전거로 20여 분이면 충분히 도착할 수 있다. 도시가 작기 때문에 자전거 이용자는 체력적 부담을 적게 지면서도 자동차보다 더 빨리 목적지에 다다를 수 있다. 게다가 도시 지면이 경사지가 없고 평평하기 때문에 자전거 타기가 한결 수월하다. 도시 코펜하겐의 자전거 타기 적절한 크기와 지형은 자전거를 가장 중요한 교통수단으로 자리 잡게 한 근본적 이유 중 하나다.

둘째, 코펜하겐 도로 체계는 자전거가 중심에 있다. 코펜하겐 지형이 자전거 타기 적합한 토대를 제공한다면, 도로 체계는 자전거 사용률 증가를 가속화했다. 자동차 도로가 있는 곳은 대부분 자전거 도로가 함께 있다. 반면 자전거는 다닐 수 있지만 자동차는 아예 통행조차 못 하거나 일방통행인 자동차 도로가 많다. 목적지가 가깝더라도 자가용을 사용하면 크게 우회해 가야 하는 일이 부지기수다. 자전거는 설령 자전거 도로가 아니더라도 비교

자전거 중심 가로. 코펜하겐 서부를 가로지르는 뇌레브로길은 예전엔 차량으로 가득 찬 도로였다. 코펜하겐시는 자동차 차선을 4차선에서 2차선으로 줄이고, 대신 자전거 도로를 만들었다. 현재는 차량 유동량이 전에 비해 현저히 줄었다. 대신 출근 시간에는 자전거 유동량이 집중되어 자전거 교통 체증이 생기기도 한다.

적 도로 상황에 유연하게 적응할 수 있기 때문에 빠른 지름길을 통해 목적지에 신속히 갈 수 있다.

코펜하겐시는 자전거 도로를 더 늘리기 위해 자전거 도로 확장 공사를 끊임없이 벌이고 있다. 자전거 도로 폭은 갈수록 넓어지고 차로 폭은 점점 좁아지고 있다. 이렇게 지난 수십 년 동안 조금씩 늘어난 자전거 도로가 이제 코펜하겐 시내에만 390킬로미터에 이른다. 지난 수십 년간 자동차 도로를 줄이면서 얻은 자전거 도로의 효율성은 코펜하겐의 교통 체계를 자전거 중심으로 만들었고, 그 결과 거시적으로 도시 전체에 원활하고 효율적인 교통 체계를 가져올 수 있었다. 바로 자동차가 아닌 사람을 위한 교통 체계이다.

셋째, 자전거 이용자를 위한 기반시설이 매우 잘 갖추어져 있다. 자동차가 자전거보다 먼저 목적지에 도착할지라도 주차 공간을 찾기란 만만치 않다. 반면 자전거는 어디든 거치할 수 있고, 자전거 전용 거치대는 어디서나 쉽게 찾을 수 있다. 자전거 이용자 안전을 위한 자전거 신호등, 잘 정비된 자전거 도로, 도로 표지판, 자전거 관련 법규 등 자전거 관련 기반시설이 코펜하겐에는 잘 갖추어져 있다. 기반시설과 관련 법규는 자전거의 원활한 이동을 보장할 뿐 아니라, 자전거 이용자의 안전을 확보하는 데 아주 중요하다.

자전거 문화를 활성화하기 위해서는

최근 전 세계의 도시들이 대안적 도시 교통수단으로서 자전거에 주목하고 있다. 미국 뉴욕을 비롯한 세계 여러 도시가 자전거 사용을 늘리려는 정책을 실행 중이다. 서울을 위시한 우리나라 여러 도시에서도 자전거 도로를 확보하려는 여러 가지 노력을 기울이고 있다. 다만 우리나라 도시들이 염두해야 할 점은 자전거 도로만 건설한다고 해서 자전거 사용률을 높일 수 있는 것은 아니라는 점이다. 기존 도로에 선 하나 그려놓고 자전거 도로라고 한다고 자전거 이용자가 늘어날 것이라 기대한다면 그것은 큰 착각이다.

자전거 도로는 우선 자전거를 타는 사람들이 즐길 수 있는 쾌적한 경험을 제공해야 한다. 그러기 위해서는 자전거의 흐름에 영향을 주지 않고 친구나 가족과 나란히 이야기하면서 자전거를 탈 수 있을 만큼의 충분한 자전거 도로 폭이 필요하다. 넉넉하게는 세 명이, 최소한 두 명이 나란히 자전거를 탈 수 있는 정도의 도로 폭이 확보되어야 원활한 이동과 안전한 추월이 가능할 것이다. 자동차 도로와 자전거 도로 사이에 단 차이를 두어 자전거 타는 사람들이 좀 더 안전함을 느끼며 운전할 수 있도록 하는 세심한 배려도 필요하다. 움푹 패인 지면 등 자전거 이용에 장애와 위험 요소가 있지는 않은지 꾸준한 관리·감독이 필요할 것이다.

안전한 자전거 도로를 확보하는 일만큼 사회 전반의 이해와 관심이 요구된다. 취미생활이 아닌 교통수단으로서 자전거를 인정하는 문화가 전제되어야 한다. 자전거 이용자를 고려할 수 있기 위한 자동차 운전자 대상의 교육도 필요하다. 마찬가지로 자전거 이용자가 지켜야 할 안전수칙을 학교에서부터 철저히 가르쳐야 한다. 또 자전거로 출퇴근하는 사람들을 위한 다양한 제도적 장치가 마련되어야 한다. 일정 규모 이상의 사무실은 샤워실 설치를 의무화해 한여름에 자전거로 출근해도 땀 냄새를 걱정하지 않아도 되는 등 자전거 이용자를 위한 다양한 차원에서의 케

어가 필요하다.

도시생활에서 자전거의 의미와 가치에 대해서는 우리 모두 충분히 알고 있다. 자전거 도로만 무턱대고 보급한다고 해서 결코 올바른 자전거 문화가 정착하는 것은 아니다. 인내심이 필요하다. 조급해하지 말고 하나하나 차근차근 진행하면 된다. 자전거 도로만을 과도하게 서둘러 확충하려 하다 오히려 안전사고가 발생할 수 있는 원인을 제공할 수 있다. 코펜하겐시는 현재의 자전거 문화와 기반시설을 갖추는 데 수십 년이란 시간을 투자했으며, 이는 아직 현재진행형이다. 그렇기에 코펜하겐은 여전히 공사 중이다. 코펜하겐에서 공사 중인 자전거 도로를 피해 다녀야 할 때라도 짜증만 낼 수 없는 이유다.

릴레 랑헤브로, 새로운 도시 공간을 만드는 다리

코펜하겐이 자동차 중심에서 보행자와 자전거 중심 도시로 거듭나는 과정은 앞서 이야기했다. 그런데 이 과정은 도심 내부뿐 아니라 하버의 물길 위에서도 찾아볼 수 있다. 코펜하겐은 크게 하버를 사이에 두고 마주하는 코펜하겐 구도심과 아마게르섬, 두 곳으로 나뉜다. 2000년대 초까지만 하더라도 둘 사이를 연결하는 다리는 모두 세 곳에 불과했다. 당연히 다리들은 차량을 중심으로 계획되고, 산업재료를 실어 나르는 화물선이 쉽게 통과할 수 있도록 설계되었다. 어지간한 화물선은 다리를 열지 않고 다리 아래로 통과시키기 위해 다리 최상부는 높게 설계될 수밖에 없었다.

높게 설계된 다리 최상부는 다리 전체의 경사도를 급하게 만들 뿐 아니라, 다리와 육지가 만나는 지점 자체가 애초에 높게 설정되었기에 다리와 도시 조직이 자연스럽게 연계되기 어렵다. 수변에서 보행자나 특히 자전거 이용자들은 크게 우회하여 다리에 접근하거나, 자전거를 들고 계단을 올라야만 다리 상부로 진입할 수 있다. 다리 위를 지나더라도 빠르게 달리는 자동차 옆에서 걷거나 자전거를 타야 하니 쾌적함과는 거리가 멀다.

1980년대 이후부터 하버 주변의 산업시설들이 다른 곳으로 옮겨가고 아마게르섬 지역 개발이 본격적으로 진행되면서 지역 인구 및 유동 인구가 크게 증가했다. 구도심과 아마게르섬 사이에 더 많은 접점이 필요해진 것이다. 코펜하겐에서는 차량을 위한 다리는 더 이상 만들지 않기로 했다. 대신 보행자와 자전거 전용 다리만 건설하기로 했다. 2006년 첫 번째 다리가 하버 남부에 개장한 이래, 2016년 관광객들이 가장 많이 몰리는 뉘하운과 크리스티안스하운을 연결하는 두 번째 보행자 및 자전거 전용 다리가 완공되었다. 그리고 세 번째 다리가 코펜하겐 중심가와 아마게르섬 지역 중심가를 연결하며 시민들의 출퇴근길을 책임지는 역할을 해야 했다. 2015년 이에 대한 건축설계 공모가 열렸고, 우리 어반에이전시, 윌킨슨 에어Wilkinson Eyre, 뷔로 해폴드Buro Happold가 팀을 이뤄 제안한 안이 당선되었다.

세 번째 다리는 풀어야 할 여러 가지 과제를 안고 있었다. 첫째, 다리의 기본이라고 할 수 있는 고저차를 극복해야 했다. 예전 처럼 화물선이 드나드는 것은 아니지만, 선박의 통과 교통을 원활히 하기 위해 수면에서 다리 하부까지 최소 5.4미터 높이를 확보해야 했다. 또 다리 상부의 경사도를 자전거와 보행자들이 다니기 편하도록 만드는 것이 중요했기에, 고저차와 경사도 간 균형을 맞추고 유지하는 것이 필요했다. 둘째, 도시 조직을 자연스럽게 연결해야 했다. 세 번째 보행자 및 자전거 전용 다리인 릴레 랑헤브로Lille Langebro가 연결해야 할 하버를 사이에 두고 마주하고 있는 두 개의 길은 서로 다른 곳을 향하고 있다. 이 두 개의 길을 자연스럽게 연결하고, 보행자와 자전거의 동선을 확실히 분리하는 현명한 해결방안이 필요했다. 셋째, 코펜하겐 하버 한가운데 자리 잡고 있으며, 특히나 거의 같은 기간에 공사가 완료될 덴마크건축센터BLOX와 함께 코펜하겐 하버의 새로운 얼굴이 될 것이기에 다리의 심미적 가치를 고려해야 했다.

이 세 가지 과제를 해결하기 위해, 우리는 평면적이기보다는 좀 더 입체적인 디자인이 필요하리라 생각했다. 다리는 위에서 내려다보았을 때 활 같은 유선형의 모습을 하고 있다. 서로 다른 곳을 향하고 있는 두 개의 길은 유선형의 다리를 통해 자연스럽게 연결된다. 이 유선형의 형태는 도시를 자연스럽게 연결하는 역할도 하지만, 보행자나 자전거 이용자가 다리 위에 오르기 전에 다리 전체 모습을 한눈에 조망할 수 있도록 해주기도 한다.

우리는 특히 스테인리스 스틸로 만들어질 삼각형 난간의 디자인에 공을 들였다. 삼각형 난간은 물길을 가로지르는 방향으

릴레 랑헤브로는 서로 다른 곳을 향하고 있는 두 개의 길을 활같이 휜 유선형의 형태로 자연스럽게 연결한다. ⓒ Rasmus Hjortshøj

로 서서히 형태가 바뀌며 역동적인 다리 모습을 보여준다. 삼각형 난간의 모서리는 부두 쪽에서는 아래쪽을 향해 구부러져 사용자들에게 탁 트인 전망을 제공하고, 다리 중심에 가까워질수록 위쪽으로 솟구쳐 오르며 다리를 좀 더 안정된 모습으로 보이도록 한다. 이는 마치 날개와 같은 형상을 띠는데, 연속적으로 뒤틀리는 난간 곡면은 빛과 그림자의 연속적인 변화를 더욱 선명하게 드러내며 다리를 더욱 가늘고 날렵한 모습으로 보이게 한다. 활처럼 휜 다리의 모습과 연속적으로 변화하는 삼각형 난간의 모

입체적으로 뒤틀려 있는 다리 난간은 명암 대비를 통해 날렵하지만 정제된 현대적 모습을 보여준다. 군더더기 없는 다리 디자인은 하버 주변의 오래된 건물들과 조화를 이룬다. ⓒ Rasmus Hjortshøj

습은 입체적으로 맞물려 다리 전체의 형태를 만들어낸다. 이러한 디자인 과정을 통해 보행자와 자전거 이용자는 다리 위를 지나갈 때조차도 다리 모습을 조망할 수 있게 된다.

이 다리가 릴레 랑헤브로라고 불리는 것은 아직도 코펜하겐 하버에서 규모가 가장 큰 랑헤브로 바로 옆에 위치하기 때문이다. 랑헤브로는 1954년 완공되었는데, 폭이 넓고, 높아서 보행자

릴레 랑헤브로는 다리 역할을 수행할 뿐 아니라, 도시 공간과 휴식처를 제공한다.
ⓒ Rasmus Hjortshøj

나 자전거 이용자가 이용하기에 적절치 않다. 반면 우리가 만든 릴레 랑헤브로는 폭이 좁고, 낮다. 완공 이후 코펜하겐 시민 1만 명 이상이 매일 릴레 랑헤브로를 이용한다. 1만 명의 출퇴근길이 하루아침에 더 안정적이고 빠르고 쾌적하게 바뀌었다.

릴레 랑헤브로의 사회적 가치는 이용자들이 느끼는 효율성이나 심미적 가치에만 있지 않다. 릴레 랑헤브로는 다른 두 곳의 보

한낮의 릴레 랑헤브로. © Rasmus Hjortshøj

행자 다리와 함께 하버의 물길로 인해 동서로 나뉜 코펜하겐을 하나로 통합하는 데 중요한 역할을 하고 있다. 하버의 물길 폭은 150여 미터에 불과하지만, 마주보는 구도심과 아마게르섬 사이의 심리적 거리는 꽤나 멀게 느껴진다. 지상에서의 거리 150미터와 물길 폭 150미터는 전혀 다르게 인식되기 때문이다. 또 코펜하겐 시민들의 주요 교통수단인 자전거로 왕래하기에 적합하지 않았기에 그 거리는 더 멀게 느껴졌을 것이다. 이제 이 새로운 보행자 및 자전거 전용 다리가 코펜하겐 시민들에게 심리적 거리감을 줄여주고 있다. 장기적인 계획에 의한 것이긴 하지만, 새로 생긴 다리 주변으로 어느덧 다양한 도시 공간이 자리 잡았고 흥미로운 이벤트들이 지속적으로 일어나고 있다. 코펜하겐 구도심과 아마게르섬을 연결하고 사람들이 모이는 결절점이어서 당연하다고 여길 수도 있겠지만, 기존의 자동차 다리 주변부가 황량한 모습이었다는 점을 상기해보면, 이 보행자 및 자전거 전용 다리의 도시적 의미와 가치가 강력하다는 것을 알 수 있다. 코펜하겐 하버에서 보행자와 자전거를 위한 전용 다리는 한 지점과 다른 지점을 연결하는 도시 인프라 이상의 의미를 지닌다. 릴레 랑헤브로는 사람들을 모이게 하고 다양한 도시환경이 새로 발생할 수 있도록 하는 촉매제 역할을 하고 있다.

공간적 사치 또는 건축의 잠재력

발코니, 주택의 안과 밖 사이

코펜하겐 남부 항구 지역에 들어서면, 룬고르 오 트란베르 아키텍츠Lundgaard & Tranberg Arkitekter가 설계한 백색의 하우느홀름 공동주택이 한눈에 띈다. 이 공동주택은 2008년 미국 경제 위기의 영향으로 코펜하겐 주택 가격이 폭락하기 직전 완공되었다. 수변에 위치해 탁 트인 전망이 탁월한 공동주택은 당시 코펜하겐에서 거래된 가장 비싼 아파트 중 하나였다. 이 공동주택의 특별한 점은 발코니에서 찾을 수 있다. 공동주택 내 전 세대는 모두 적게는 2개, 많게는 5개의 발코니가 달려 있다. 건물은 수평으로 길게 튀어나와 있는 발코니의 다양한 구성을 기본 개념으로 출발한다. 발코니들은 건물의 하얀 외벽 위에 음영을 드리우며 건물의 이미지를 시간의 흐름에 따라 변화시키며 인상적인 입체 입면을 만들어 낸다.

여기서 한 가지 의문이 드는데, 1년 내내 서늘하고 햇볕이 그리 많지도 않은 코펜하겐에서 이렇게 많은 발코니가 필요하기는 한 것일까라는 점이다. 수변에 접한 고가의 공동주택이니 발코니를 더 많이 달아 주택의 값어치를 높이고자 하는 의도였을까? 아니면 건물의 입면을 만들기 위한 장식의 일부였을까?

코펜하겐 사람들은 여름 기간 일광욕에 대한 열의가 대단하다. 주로 여름철 기후가 습하지 않아 햇볕을 쬐어도 땀이 잘 나지 않고 쾌적한 시간을 보낼 수 있기 때문이다. 또 형편없는 날씨를

하우느홀름Havneholmen 공동주택. 돌출된 부분의 상부를 테라스로 쓰거나, 건물 외부에 매달려 있는 발코니를 적절히 조합하여 세대 내에 옥외공간을 제공함과 동시에 건축의 외관을 만들어낸다. 그런데 이렇게 많은 발코니들이 다 필요하긴 한 걸까?

견디며 오랫동안 여름을 기다려온 데 대한 보상심리도 어느 정도 작용할 것이다. 이런 이유로 코펜하겐 사람들은 여름이 아니더라도 계절을 막론하고 햇볕만 있다면 옥외에서 시간 보내기를 선호한다. 그렇다 보니 모두들 자기 집에서 일광욕을 하거나 가족과 저녁을 함께할 수 있는 옥외공간을 꿈꾼다.

덴마크 사람들은 일조권을 중요시하지만, 코펜하겐의 일반적 공동주택들은 입면 면적에 비해 창 면적 비율이 작은 편이다. 대부분 100여 년 된 오랜 벽돌 건물들이 지닌 구조적 이유도 있지만, 지속되는 추운 날씨와 비바람 같은 기후적 이유로 단열을 위해 아무래도 작은 창이 효과적이다. 이런 점에서 코펜하겐의 관습적인 주거 건축과 현대 코펜하겐 시민들이 욕망하는 삶의 방식 사이에 괴리가 발생한다. 발코니는 두 가지 상충하는 사안의 간격을 좁힐 수 있는 건축 수단으로서 코펜하겐 사람들에게 좀 더 특별한 의미가 있다.

도시의 오래된 건물에는 발코니가 달린 경우가 흔치 않다. 기껏해야 20세기 이후 건물에서나 종종 찾아볼 수 있을 정도다. 사람들이 발코니 있는 집을 선호할지라도, 100년이 훌쩍 넘은 오래된 건물로 빽빽이 채워진 코펜하겐 시내에 살면서 발코니나 테라스를 가진 집에 살게 될 확률은 그리 높지 않다. 그래서 최근에는 공장에서 미리 만들어온 발코니를 기존 건물 벽에 매달아 각 세대가 발코니를 가질 수 있도록 하는 공사가 코펜하게 전역에서 큰 인기를 얻고 있다. 오래된 건물에 발코니를 매다는 경우 대부분 조용한 중정을 향하여 설치하는 것이 보통이나, 중정이 너무 좁거나 북향일 경우에는 길가를 향하여 설치하기도 한다. 한 세대가 별도로 공사하기보다는 같은 건물에 사는 주민들 간 협의를 통해 공동으로 발코니 공사를 하는 경우가 대부분이다. 여러 세대가 함께 발코니 공사를 하는 것이 코펜하겐시에서 허가를 받기도 용이하고, 공사 금액도 저렴해지기 때문이다.

21세기 들어 코펜하겐 주변에 신도시 건설이 다수 진행되면서 다양한 형태의 공동주택들이 곳곳에 들어서기 시작했다. 없던 발코니를 멀쩡한 건물 외부에 매다는 상황이다 보니, 새로 짓는 공동주택에서 발코니는 빠질 수 없는 요소가 되었다. 발코니는 공동주택의 내부와 외부 사이에 존재하기 때문에, 내부 공간의 질과 주민들의 일상에 중요한 영향을 미친다. 세대마다 적어도 하나 이상의 발코니가 계획되는 것이 보통이기에 공동주택 건물의 외부는 상당 부분이 발코니로 뒤덮이게 된다. 따라서 건축가가 발코니를 어떻게 다루느냐에 따라 건물 외관 디자인의 방향성이 크게 좌우될 수 있다. 이는 건축가들이 자기 건축에 발코니를 어떤 방식으로 통합할지 깊이 고민하는 이유이기도 하다.

건물 외관부터 이웃과의 소통까지

건축가가 발코니를 다루면서 생각해야 하는 것은 단순히 건축 디자인에만 국한되지 않는다. 발코니가 도시 경관에 미치는 영향과 그것의 사회적 기능도 고려해야 한다. 발코니는 도시 경관에 매우 중요한 요소로 작용한다. 주민들은 작은 크기일지라도 발코니를 자기 정원인 양 꾸미고 관리한다. 갖가지 화분과 테이블을 꺼내어 놓는 것은 물론, 발코니 난간에 크리스마스 장식을 하기도 한다. 집 안에 들여놓기 부담스러운 바비큐 그릴이나 소중히 여기

다양한 발코니 건축.

는 자전거를 놓아두기도 한다. 따라서 집집마다 각기 다른 발코니 사용은 그들의 일상을 외부로 드러내는 것이 된다. 발코니 모습을 보면 그 집에 노인이 사는지, 젊은 커플이 사는지 어느 정도 파악이 가능하다. 그렇게 밖으로 드러나는 주민들 일상의 모습은 도시 경관에 다양성을 만들고 생기를 불어넣는다.

발코니는 내부 영역의 확장이라는 개인적 목적에 의해 만들어지지만, 숙명적으로 가로나 중정과 같은 공간을 남들과 공유하게 되면서 공공의 영역에 속하기도 한다. 집 안에서 프라이버시를 보호받던 사람들은 설령 자기 집의 일부분인 발코니일지라도 일단 그곳에 나서면 싫건 좋건 간에 남들 시선에 노출되어 간섭을 받는다. 이러한 노출과 간섭은 다르게 생각하면 이웃과 관계를 형성할 수 있는 계기이기도 하다. 주민들은 벽에 매달려 있는 발코니에 나와 시간을 보내는 동안 우연히 마주친 이웃들과 눈인사하고 대화를 나눌 수도 있다. 특히 중정을 함께 품고 있는 주민들이 각자의 발코니에서 만날 때, 주민들 간 유대감은 한층 돈독해질 수 있다. 이는 결국 자기가 살고 있는 주거환경에서 안전한 느낌을 받는 데 도움을 준다. 이처럼 발코니는 사람들의 일조권에 대한 욕구를 충족시키기 위해 만들어지지만, 이웃 간에 새로운 관계를 형성하는 또 하나의 사회적 역할을 수행하기도 한다.

안타깝게도 한국 아파트 발코니의 개념은 사뭇 다르다. 한국의 아파트에서 발코니는 내부 면적의 확장을 위해 사라질 비운의 운명을 타고난다. 살아남는다고 해도 세탁실이나 짐을 쌓아 두는 창고가 될 가능성이 다분하다. 공간의 질보다는 아파트 위치나 브랜드로 가치가 평가되는 한국의 공동주택 문화에서 발코니는 도시의 경관을 다양화하는 것이 아닌 단순 획일화하는 주범이라는 오명을 써왔다. 발코니의 면적을 최대한 확보하되 내부 확장을 염두에 두고 설계하다 보니, 한국의 아파트 건물 외부에서는 발코니가 드러나 보이지 않는다. 발코니가 외부를 향하는 것이 아니라 내부 면적 확장을 위해 안으로 열려 있다. 발코니라는 용어를 사용하는 것이 민망할 정도다.

발코니 건축은 좀 더 나은 주거환경을 위한 일종의 공간 소비 행위다. 한국의 주거 현실에서 옥외 발코니를 소비하는 행위는 아직까지 비효율적이라고 여겨지곤 한다. 이는 코펜하겐도 마찬가지다. 덴마크에서 발코니의 효율성은 현저히 떨어진다. 덴마크같이 일조량이 넉넉하지 않은 나라에서 실제로 발코니를 이용할 수 있는 날은 그리 많지 않다. 코펜하겐에서 발코니는 일종의 사치라고 할 수 있다. 그럼에도 발코니는 코펜하겐의 현대 주거를 생각할 때 빠질 수 없는 부분이 되었다. 개발자, 건축가, 사용자 모두 발코니가 주거환경의 질을 높이며 공동주택의 모습을 다양화할 수 있는 외형적 장점을 가지고 있을 뿐 아니라, 주민 간 소통 유도라는 잠재력을 지닌 건축 요소라는 점에 공감하고 있기 때문이다.

1:1,000 scale

중정 도시

중정, 공동의 작은 공원

세계 어느 도시든 마찬가지겠지만, 코펜하겐도 집에서 벗어나면 아이들에게 위험 요소가 많다. 코펜하겐은 치안 상태가 매우 훌륭하지만 아이들을 마냥 바깥에 놀게 내버려두기에는 그래도 석연치 않다. 하지만 코펜하겐에는 아이들이 안전하게 뛰어놀 수 있는 공간이 있다. 자기 집 바로 앞이다. 코펜하겐 도심의 가장 일반적인 주택 형태인 중정형 공동주택의 중정中庭을 두고 하는 말이다.

코펜하겐은 저층 고밀 도시다. 도시 내에서 고층 건물은 좀처럼 찾아보기 어려우며 그래도 간간이 보이는 몇몇 호텔과 교회 첨탑이 도시 스카이라인에 약간의 재미를 더할 뿐이다. 코펜하겐 지도를 유심히 살펴보면 도심 대부분을 덮고 있는 건축 유형을 쉽게 찾을 수 있다. 건물 가운데 옥외 공용공간을 품고 있는 5~6층 높이의 중정형 공동주택 건물이 바로 그것이다.

물론 중정형 공동주택이 코펜하겐에만 있는 것은 아니다. 다른 유럽 국가에서도 흔히 있는 유형이다. 하지만 덴마크만큼 중정형 건축의 장점을 잘 살려 이용하고 있는 나라가 또 있을지는 의문이다. 예를 들어 네덜란드의 일반적인 중정형 공동주택 중정 내부는 대부분 자잘하게 벽을 세워 개인 정원으로 사용하는 경우가 많다. 일정한 크기의 중정형 건물들로 이루어진 도시로 유명한 스페인 바르셀로나의 중정 건축도 관리가 잘 이루어지지 않는다. 중정에 또 다른 건물을 짓거나, 중정을 아예 주차장으로 쓰는 경우가 꽤 있다. 단언컨대 코펜하겐으로 이주해 살면서 중정이 아무렇게나 방치된 경우를 나는 단 한 번도 본 적이 없다.

중정을 사이에 두고 마주보고 있는 공동주택 구성원들은 중정을 그들의 공동의 거실쯤으로 간주하고, 중정을 좀 더 쾌적하고 특별하게 만들기 위해 고민한다. 보통 1년에 두어 차례 열리는 주민총회의에서 회의 주제의 태반이 중정 관리에 대한 것일 정도로 코펜하겐 사람들은 중정에 대한 관심이 유별나다.

코펜하겐의 중정형 공동주택들은 처음부터 계획되어 한번에 지어지기도 했지만, 서로 벽을 공유하고 건축된 합벽 건물이 하나둘씩 모여 시간차를 두고 생성된 경우도 많다. 이렇게 다른 합벽 건물로 둘러싸여 있다 보니 중정의 크기와 형태도 가지각색이다. 중정 공간은 사유화되지 않으며, 그 건물에 사는 주민들이 함께 사용할 수 있는 그들만의 작은 공원으로서 아주 탁월한 역량을 발휘한다. 일반적으로 그 안에는 잔디밭, 나무, 벤치, 테이블, 의자, 바비큐 그릴, 농구 골대, 탁구대, 놀이터 등 주민들이 여가시간에 함께 이용할 수 있는 시설들이 갖추어져 있다. 물론 주민들이 모든 시설을 직접 관리한다.

흥미로운 점은 세대 평면과 중정의 관계에서도 찾아볼 수 있다. 코펜하겐의 중정형 공동주택들을 살펴보면 대부분의 부엌이 중정을 향하도록 배치되어 있다. 그렇기에 부엌에서 요리를 하는 동안 부모들은 아이들이 중정에서 뛰어노는 모습을 항상 지켜볼 수 있다. 식사 준비가 끝나면 창문 밖으로 아이의 이름을 부르며, 식사시간이니 올라오라고 말하기만 하면 된다. 부엌에서 중정으

코펜하겐 어느 공동주택 중정에서 열린 벼룩시장. 중정을 사용하는 방식은 다 다르다. 정원으로 꾸밀 수도 있고, 다양한 이벤트를 펼칠 수 있도록 적정 공간을 남겨놓기도 한다. 중정을 공유하는 주민들은 봄, 가을 두 번 정도 벼룩시장을 함께 연다. 중정은 벼룩시장을 열기에 최적의 공간이다. 벼룩시장은 보통 주말 이틀 동안 열리는데, 물건을 재활용한다는 면에서도 의미가 있지만, 하루 종일 가판대를 지키다 보면 장사가 잘 되든 그렇지 않든 이웃과 소통할 기회가 자연스럽게 생긴다는 점 역시 큰 의미가 있다.

로 바로 나갈 수 있는 피난 계단이 있어서 어떤 문제가 발생해도 부모들은 신속히 내려가 대처할 수 있다.

중정은 일반적으로 부엌 쪽 후면 계단을 이용하거나 외부에서 별도의 열쇠로 정문을 열고 진입할 수 있기 때문에 외부인은 좀처럼 출입이 힘들다. 그래서 이 공간은 아이들에게 최고의 안전한 놀이터가 된다. 아이들은 이곳에서 안전하게 뛰어놀 수 있고, 같은 건물에 사는 친구들을 쉽게 사귈 수 있다. 부모들 역시 아이들을 매개로 서로 자연스레 긴밀한 관계를 맺게 되는 경우가 많다. 코펜하겐의 중정형 공동주택에서 중정은 같은 건물 내에 주민 커뮤니티를 형성하는 핵심적 역할을 한다.

아이들은 중정 놀이터에서 모래놀이를 하고 부모는 설거지를 하며 아이들이 뛰어노는 모습을 바라본다. 아이가 자전거 타는 법을 아버지로부터 배우고, 어떤 이는 책을 보며 일광욕을 즐기기도 한다. 코펜하겐 도심 전역에 흩뿌려져 존재하는 독립된 이 녹색 공간은 가로변에서는 건물에 가려 보이지 않지만, 그곳에는 외부에서는 보이지 않는 코펜하겐 사람들이 함께 모여 사는 공동체의 일상이 있다. 중정형 공동주택은 코펜하겐 주거의 공동체적 단면을 가장 잘 드러내는 건축 유형이며 일상의 배경이다.

시대정신과 그 한계까지 간직한 공동주택

제1차 세계대전과 세계 경제 대공황을 겪은 후 1920~1930년대 덴마크의 경제 상황은 악화일로를 걷고 있었지만, 정치 상황은 달랐다. 1924년 처음 정권을 잡은 사회민주당은 이 기간에 장기 집권을 하며 사회민주주의 복지국가 덴마크의 기틀을 다지기 시작했다. 그들이 처음 공을 들인 복지 분야는 주택 건설이었다.

코펜하겐 북서부에 위치한 노드베스트Nordvest와 뇌레브로 지역은 당시 급증하던 주택 수요를 충족시키기 위해 대규모 도시 개발이 이루어진 곳이다. 도심에는 새로운 공동주택을 지을 땅을 마땅히 찾기 어려웠을 테니 당시 도시화가 완벽히 이루어지지 않았지만 도심과 가까운 노드베스트와 뇌레브로 지역은 대규모 주택 사업을 펼치기에 안성맞춤이었을 것이다.

주택 수급이 우선시되었던 당시 상황에서 새로 지어진 공동주택의 주거환경은 그리 좋지 못했다. 주택 내부에 적절한 욕실을 설치하는 대신, 지하에 공용샤워실, 세탁시실을 설치하는 경우도 많았다. 공동체 강화라는 개념으로 포장되어 있긴 했지만, 사실 비용 절감이 이유였을 것이다. 현재까지도 이 지역 공동주택 중 일부는 세대 내부에 욕실이 제대로 갖추어져 있지 않아, 거주자가 어쩔 수 없이 거실이나 부엌 귀퉁이에 샤워캐빈을 설치해 놓은 사례도 있을 정도다. 초기 공동주택은 그 시대의 주택 수요의 압박으로 인해 각 세대 주거의 질까지 확보하기에는 역부족이었던 모양이다.

경제 상황이 어렵고 사회주택 정책이 막 자리를 잡아가던 시기였기에, 당시 공동주택들은 거의 대부분 장식이 절제된 조적식으로 지어졌다. 건물의 질보다는 양이 우선시되던 때이기에 공사비와 공사 기간을 늘리는 장식이나 복잡한 구조에 대한 아이디어들은 찾아보기 어렵다. 다만 기존 도시의 조직을 따라 적당한 크기의 중정형을 기본으로 하는 배치 구조에 서서히 변형이 생겨났다. 당시 지어진 주택들의 배치를 살펴보면 하나의 일관된 흐름을 찾아볼 수 있는데, 건축가들이 생각한 사회민주주의의 기본 개념인 상생과 공공성의 개념이 각기 다른 방법으로 그들의 작업 속에 서서히 드러나기 시작한 것이다.

우선 중정형 건물들의 규모가 커졌다. 단일 건물의 규모를 크게 계획하여 더 많은 수의 주민들을 수용하고, 그들이 하나의 거대한 중정을 함께 사용하게 했다. 이를 통해 하나의 건물을 매개로 중정을 공유하는 주민 공동체의 단위를 확장시키고자 했다. 이처럼 기존 도시 조직을 이루는 중정형 건축의 스케일보다 훨씬 더 크게 지어진 건물은 도시건축학에서 흔히 '슈퍼블록'super block이라고 불린다. 가령 20세기 초 덴마크 기능주의 건축가 카이 피스커Kay Fisker(1893~1965)가 설계하여 1922년 완공된 혼베어크후스Hornbaekhus는 장변 길이가 무려 200미터, 단변 길이가 80미터에 이른다. 이 공동주택이 품고 있는 중정은 축구장 두 개쯤은 넉넉히 들어갈 정도의 커다란 정원으로 꾸며져 있다. 혼베어크후스는 290세대를 수용하고, 약 1,000명의 주민들이 공동의 중정을 공유했다.

이후 혼베어크후스 주변으로 공동체 단위의 스케일을 키운 슈퍼블록들이 줄지어 지어지게 되는데, 시간이 흐르면서 블록 형태의 변이가 서서히 나타났다. 슈퍼블록들이 점유하고 꼭꼭 숨겨놓은 중정이 1930년대 이르러서는 점점 외부로 열리기 시작한 것이다. 예를 들어, 중정형 건물 형태에 약간씩 변화를 주어 주변 이웃들이 그 건물의 중정을 통과할 수 있는 여지를 만들어준다든가, 블록 한 면을 활짝 열어 내부 중정을 주변 이웃들과 완전히 공유한다거나 하는 중정형 건물의 형태적 변이가 다양하게 생겨났다.

슈퍼블록이 지어진 지 100여 년이란 시간이 지난 현재 시점에서 슈퍼블록들이 즐비한 노드베스트와 뇌레브로 지역을 살펴보았을 때, 당시 사회와 건축가들이 추구했던 이상은 사뭇 다른 방향으로 흘러왔는지 모르겠다. 우선, 하나의 건물 블록이 과도하게 커지다 보니, 그만큼 커진 주민 공동체의 규모는 주민 간 결속도를 오히려 약화시켰다. 코펜하겐 시내에서 일반 공동주택은 블록의 규모가 훨씬 작다. 하나의 중정을 공유하고 있을지라도 그마저도 몇몇 건물들이 시간차를 두고 합벽으로 건설되었기에 각각의 건물들을 구성하는 공동체 수는 적게는 10세대 많게는 30세대 정도인 경우가 대부분이다. 10~30세대가 이루는 결속도와 혼베어크후스의 290세대가 이루는 결속도는 차이가 있을 수밖에 없다.

슈퍼블록은 도시 공간의 다양성을 만드는 데 한계가 있다. 도시에서 건물 모퉁이는 중요한 역할을 한다. 도시 공간을 풍요롭게 하기 위해서는 블록 크기를 적정 규모로 유지하여 가능한 한 모퉁이를 돌 기회를 많이 만들어야 한다. 그래야 도시 공간이 다양해지고 풍부해질 여지가 생긴다. 건물 1층의 모퉁이는 카페나 상점이 들어갈 수 있는 좋은 자리이기 때문에 적은 수의 상점으로 가로를 활성화할 수 있는 효과적인 장소이다. 그런데 과도하게 커진 건물 블록은 건물 모퉁이의 수를 줄여서 도시 공간이 다양해질 수 있는 가능성을 축소시킨다. 더욱이 주택 수급이 시급한 당시 상황에서 지상층 대부분이 주택으로 채워진 결과, 길고 긴 거리가 상점 하나 없는 지루한 가로로 형성된 경우가 대부분이다. 또 장방향으로 반복되는 건물 입면은 도시와 교감하기보다는 거대한 장벽을 이루고 있다는 인상을 지울 수 없다.

이런 건축에 관련한 사안보다 더 중요한 문제는 슈퍼블록 유형의 주택들이 특정 지역과 특정 시대의 짧은 기간에 편중되어 발생하였다는 점이다. 편중되어 있는 슈퍼블록은 다시금 코펜하겐에 사회 계층의 편중된 분포를 가속화했다. 실제 노드베스트와 뇌레브로는 저임금 노동자와 이민자들이 모여 사는 지역으로 인식되어왔고, 시간이 흘러 이제는 젠트리피케이션이 진행되고 있다.

그럼에도 자본의 힘에 의해 건축의 공공성이 약해지고 건축의 사회적 역할보다는 형태적 실험만을 중시하는 경향이 있는 현대 주거 건축의 현실 속에서, 1920~1930년대 덴마크 건축이 사회적·공공적 역할을 고민하고 건축에 반영하려 한 시대정신은 현재 우리에게 시사하는 바가 크다. 슈퍼블록의 모습을 한 공동

혼베어크후스는 정제된 건축미와는 별개로 슈퍼블록이 지니는 한계가 분명히 있다. 혼베어크후스가 차지하는 200미터 가로는 머물 곳 하나 없는 적막한 길이 되었다. 커뮤니티의 단위를 확장하고자 했던 건축가의 바람은 건물과 도시를 단절시키는 결과를 초래하고 말았다.

주택들은 그 결과가 그리 성공적이지 못했음에도 불구하고 건축 당시의 시대상을 분명히 담아내고 있으며, 전후戰後 코펜하겐이 맞이할 도시 구조의 재편을 위한 초석이 되었다. 그렇기에 지금이 슈퍼블록 공동주택들을 자세히 들여다보는 것은 여전히 의미가 있을 것이다.

1:10,000 scale

손가락과 손가락 사이의 공간

인구 집중과 도시 팽창

꿈에 그리는 집이 무어냐고 한국 사람들에게 묻는다면, 한옥, 정원 딸린 개인주택, 한강이 내려다보이는 도심 고층 아파트 등 가지각색의 답변을 들을 수 있을 것이다. 그렇다면 제2차 세계대전 이후 코펜하겐 사람들에게 이 질문을 한다면 어떤 대답을 들을 수 있을까?

주거 형태의 선호도는 개개인의 사고방식과 경험에 따라 달라지게 마련이다. 한편으로 당시 사회가 추구하는 가치가 무엇인가에 따라 영향을 받기도 한다. 웰빙well-being은 제2차 세계대전 이후 코펜하겐 사람들 사이에서 빠르게 확산되던 삶의 가치였다. 웰빙을 추구하는 덴마크 사회는 주거 형태와 관련된 개인의 삶뿐 아니라 도시의 모습까지 바꾸었다.

코펜하겐의 인구 집중 현상은 어제오늘 일이 아니었다. 사람들은 고밀화된 코펜하겐의 번잡함 및 소음과 노후한 건물로부터 멀리 떨어져 살기를 바랐다. 웰빙의 유행은 코펜하겐 시민들로 하여금 자연 속에서 자기 정원을 가꾸며 사는 삶을 꿈꾸게 했지만, 20세기 초 코펜하겐을 벗어나 교외로 이사 간다는 것은 말처럼 쉬운 일이 아니었다. 교통 체계가 완전히 자리 잡지 않은 당시 상황에서 당장 매일 아침 먼 거리를 통근하는 것부터가 문제였기 때문이다.

코펜하겐의 인구 집중은 19세기 중반부터 심화되었다. 도시는 직장을 찾아 시골에서 상경한 사람들을 더는 소화할 수 없었다. 코펜하겐의 도시 팽창은 19세기 중반 코펜하겐 성벽 외부에 주거지역이 우후죽순으로 형성되면서 본격화되었다. 도시는 팽창에 팽창을 거듭했다. 도시를 둘러싸고 있던 성곽마저 허물어졌다. 더 이상 도시의 영역은 의미가 없었다. 도시가 이렇게 팽창한 것은 사람들이 일터 근처에서 살아야 했기 때문이다. 별다른 교통수단이 없던 코펜하겐 사람들은 어쩔 수 없이 도시에 머물며 통근이 가능한 거리 안에 살아야 했다. 코펜하겐의 인구 밀도는 갈수록 높아졌고 주택 부족은 집값 상승을 초래했다. 도시의 삶의 질이 점점 나빠지는 것은 당연했다.

제2차 세계대전 이후의 상황은 더 복잡했다. 전후戰後 식량은 물론 주택이 부족했다. 사람들은 좀 더 나은 주거환경을 열망하기 시작했다. 전쟁 기간 멈춰 있던 기술 발전과 도시화가 전쟁이 끝난 후 빠르게 진행되었다. 도시도 그러한 빠른 변화에 대비해야 했다. 변화를 담을 수 있는 큰 그릇이 필요했다. 코펜하겐시는 당시 사회의 변화에 대비해 종전과는 차원이 다른 도시 영역 확장의 필요성을 직시하고, 장기적이고 조직적인 도시계획 수립에 착수했다.

핑거플랜, 도시계획의 방향

1947년 스틴 아일러 라스무센과 다수의 도시계획가들이 함께 새로운 코펜하겐 확장 계획을 수립했다. 계획안은 마치 손바닥을 펼친 듯한 모양을 하고 있었기 때문에 일명 '핑거플랜'finger plan이라고 불렀다. 여기서 손바닥은 코펜하겐을 가리키고, 손가락은 코펜하겐과 새로이 연결될 다른 도시를 가리킨다.

핑거플랜은 구체적인 마스터플랜이라기보다는 코펜하겐의 도시화와 팽창에 따른 난개발에 대비한 도시계획 방향에 대한 원리 및 원칙이었다. 코펜하겐의 미래의 비전을 넉넉하게 수용할 수 있도록 토대를 마련하는 밑그림이었다. 계획이 수립된 이래 현재까지 핑거플랜은 코펜하겐의 확장에 대한 기준을 제시했고, 그중 많은 부분이 이미 현실화되었거나 아직 진행 중이다. 즉 계획이 수립된 지 80년 가까이 됐지만 현재진행형인 것이다.

핑거플랜이 수립될 당시는 기능적인 면이 강조된 꽤 급진적인 계획이었고, 그 바탕에는 미래 모빌리티에 대한 믿음이 깔려 있었다. 핑거플랜은 간선도로를 따라 형성되는 미국의 선형 교외도시와 영국의 전원도시 개념이 혼합된 구조이다. 우선 가장 필요한 것은 코펜하겐과 교외 도시를 연결할 빠르고 편리한 교통망이었다. 도심과 교외를 연결하는 철도와 고속도로가 건설되기 시작했다. 기존 세 개의 도시 철도 라인에서 추가로 세 개가 더 계획되었다. 이제 교외지역과 코펜하겐 중앙역을 불과 30분에서 1

코펜하겐 확장 계획안인 일명 ‘핑거플랜’.

시간 안에 오갈 수 있게 되었다.

철도망은 코펜하겐과 주변 소도시들을 연결하는 방식으로 제안되었고, 차츰 코펜하겐과 기차로 연결된 소도시들은 규모가 커지고 철도망을 따라 무수한 전원주택들이 생겨났다. 자가용 없이 코펜하겐까지 대중교통만으로 통근하는 데 불편하지 않도록 하기 위해 도시 철도가 그 중심에 섰다. 코펜하겐의 새 교통 체계로 인해 사람들은 직주분리의 생활방식을 영위할 수 있었다. 곧 코펜하겐 사람들이 본격적으로 도심에서 교외로 대이동하기 시작했고, 코펜하겐의 도시 구조는 현재 모습으로 급격히 재편되었다.

핑거플랜은 초기 방향과 달라진 부분도 많다. 계획 수립 당시에는 효율성이 강조되어 중요시되지 않던 자연이나 친환경 같은 주제가 현재 시점에서는 가장 중요한 화두가 되었다. 예를 들어 손가락 사이의 녹지 공간은 사용 계획이 특별하게 수립되어 있지 않았고 그대로 보존하는 것을 원칙으로 삼았다. 자연환경이나 삶의 질에 대한 개념이라기보다는 미래를 위해 남겨둔 공간 정도의 개념이었다. 가령, 미래에 사용할지도 모를 통근용 비행기를 위한 15개의 비행장 부지를 마련해두는 경우 등이 그중 한 사례이다.

오늘날 핑거플랜은 계획 수립 당시의 미래지향적 가치보다는 아이러니하게도 야생 자연과 맞닿아 살 수 있는 삶의 질을 뒷받침하는 도시계획으로서 그 가치를 더 인정받고 있다. 또 코펜하겐을 둘러싼 자연 녹지를 보존하는 계획으로서의 가치도 중요해졌다. 녹지 공간은 미래를 대비한 잉여 공간이기보다는, 주민 삶의 질을 유지하는 중요한 목적을 가지게 되었다. 이제 녹지 공간은 농장이나 공원을 제외하면 야생 그대로의 자연을 보존하는 것을 원칙으로 한다. 이로써 손가락에 해당하는 지역에 사는 주민들은 코펜하겐으로 쉽게 이동할 수 있는 효율성을 얻는 동시에, 집에서 10여 분만 걸어 나가면 자연과 접할 수 있는 삶의 여유를 보장받을 수 있게 되었다.

최근 코펜하겐시와 그 주변 도시들은 함께 자전거로 더 큰 그림을 그리고 있다. 코펜하겐과 주변 22개의 자치구는 전통적인 모빌리티의 모델을 변화시키고자 자전거 고속도로를 건설 중이다. 코펜하겐 교외에 거주하는 사람들의 통근 수단은 핑거플랜 초기 단계부터 오늘날까지 대부분 도시 철도나 자가용이 주를 이루었다. 통근 거리 5킬로미터 이상인 사람들의 통근용 자전거 이용률은 코펜하겐 내 시민들의 이용률에 비해 절반에도 못 미친다는 통계가 있다. 자전거 이용률이 세계 최대인 코펜하겐이라 할지라도, 통근 거리가 멀면 자전거의 이용 가치는 자연스레 떨어질 수밖에 없다. 이런 이유로 시는 통근 거리가 10~20킬로미터가 되는 사람들을 대상 그룹으로 설정하고, 그들이 좀 더 용이하게 자전거로 통근할 수 있도록 유도하고자 했다. 그러기 위해서는 무엇보다 자전거 효율성을 극대화해 통근 시간을 줄이는 것이 필요했다.

정부는 2045년까지 총연장 길이 750킬로미터가 넘는 자전거 전용 고속도로를 코펜하겐 주변에 건설할 계획이다. 자전거 고속도로는 순수 자전거만을 위한 고속도로다. 이 고속도로는 코펜하겐과 교외지역을 최단 거리로 연결한다. 자전거 전용 고속도로

교외에서 코펜하겐 시내로 출근하는 사람이 통근 시간을 줄일 수 있는 최고의 방법이 있다. 자전거를 열차에 싣는 것이다. 열차 칸 상당 부분은 자전거 전용 칸으로 할당되어, 출퇴근 시간에도 자전거를 무리 없이 무료로 열차에 실을 수 있다.

는 교차로와 신호등을 최소화했기 때문에 자전거 정지 시간을 최소화할 수 있다. 또 자전거 전용 아스팔트가 깔려 있어서 편안하게 주행할 수 있고, 차량과 이격되어 있어 안전하다. 더욱이 자전거 전용 고속도로는 주위 자연과 맞닿아 있어 자전거 타기가 매우 쾌적하고, 타이어 공기 주입기 같은 관련 편의시설이 도로 곳곳에 설치되어 있어 그야말로 자전거 타기에 최적의 환경이다.

코펜하겐과 주변 도시의 자전거 전용 고속도로 실현은 사회

가 어떤 가치를 중요하게 여기느냐에 대하여 도시가 어떻게 대응하며 변화할 수 있는지 보여주는 좋은 사례이다. 처음에 핑거플랜은 고속도로나 기차 같은 당대의 새로운 모빌리티의 발전에 대한 믿음에서 출발했다. 최근 기차나 자동차보다 효율성이 현저히 떨어지는 자전거를 이용해 탈바꿈하고자 하는 코펜하겐시의 정책 방향은 아이러니하게도 핑거플랜의 미래를 더 밝게 만들고 있다. 자전거 전용 고속도로 계획이 핑거플랜의 또 다른 동맥으로서 코펜하겐의 생명을 앞으로도 푸르게 지속시킬 수 있는 최고의 선택과 투자라는 점에 이견을 말하는 사람은 드물 것이다.

손가락 사이의 자연 녹지는 확장 지역에 사는 사람들뿐 아니라 코펜하겐 전체 시민들에게도 중요하다. 손가락 모양으로 개발이 진행되었다고 하지만, 거꾸로 바라보자면 자연 녹지가 코펜하겐을 향해 삽입되어 있다고도 볼 수 있다. 즉 큰 틀에서의 코펜하겐은 야생 자연과 그만큼 밀접해 있는 것이다. 이 손가락 사이의 공간은 주말 혹은 퇴근 후 늦은 오후에라도 야생 자연 속에서 휴식을 취할 수 있는 자리를 제공한다. 핑거플랜은 도시인들이 어

코펜하겐 도심에서 8~10킬로미터 거리에 있는 바우스베아Bagsværd 호수의 어느 여름날. 핑거플랜에서 손가락 사이 공간에는 숲뿐만 아니라 많은 수의 크고 작은 호수가 군데군데 자리 잡고 있다. 코펜하겐 근교, 즉 손가락 위에 거주하는 주민들은 각각의 마을마다 마을을 대표하는 숲과 호수가 있어, 집 근처에서 다양한 야외활동을 즐길 수 있다.

떻게 하면 자연과 좀 더 밀접한 관계를 맺고 살아갈 수 있을 것인가에 대한 덴마크적 해답이자, 코펜하겐의 앞날에 있을 또 다른 가능성을 포용하고 도시계획의 비전을 담을 수 있는 큰 그릇이다. 따라서 이제 핑거플랜에서 가장 눈여겨봐야 할 곳은 손바닥이나 손가락이 아닌, 손가락과 손가락 사이의 공간이다.

에필로그

조금은 덜 익명적인 관계도시

도시의 익명성이 지닌 두 얼굴

인간관계는 그것이 개인적이든 공적이든 다양하고 복잡하다. 이해관계가 서로 다른 사람들이 밀집해 있는 도시에서 도시인들은 더 복잡하고 다양한 형태의 관계를 맺으며 살 것이다. 이 관계의 밀도와 복잡성은 우리가 살고 있는 생활 터전에 따라 다양하게 나타난다.

독일의 사회학자 게오르크 짐멜Georg Simmel은 1903년 발표한 에세이 「대도시와 정신적 삶」에서 대도시 생활이 개인과 사회적 관계에 어떠한 영향을 미치는가에 대해 고찰했다. 짐멜이 분석한 19세기 말 대도시의 모습은 한 세기가 훌쩍 넘은 현대 도시에도 그대로 유효해 보인다. 그의 글을 한번 인용해보자.

> 오늘날 좀 더 정신적이고 세련된 의미에서 볼 때, 소소한 일들과 편견들에 얽매이는 소도시인들에 비해 대도시인들은 훨씬 더 자유롭다. 큰 집단의 정신적 생활 조건들인 상호 무관심이나 속내 감추기는 개인의 독립이 성공할 경우 다른 어느 곳에서보다 대도시처럼 인구가 극도로 밀집한 곳에서 가장 강하게 느껴진다. 이는 신체적 거리의 가까움과 협소함에서 비로소 정신적 거리가 잘 드러나기 때문이다. 경우에 따라서 사람들이 가장 외롭고 쓸쓸하게 느끼는 곳은 다름 아닌 대도시의 혼잡 속이라고 하는데, 이는 자유에 대한 다른 면일 따름이다. 왜냐하면 한 사람이 누리는 자유가 반드시 그의 정서적 안정으로 나타날 필요가 결코 없다는 사실은 대도시에서 가장 잘 나타나기 때문이다.

짐멜이 분석하고 있는 대도시의 특징은 직접적 용어로 등장하지는 않지만, 오늘날 우리가 익히 알고 있는 대도시의 '익명성'에 관한 것임은 분명하다. 여기서 '익명성'은 크세 자발직인 경우와 비자발적인 경우로 나눠 생각할 수 있다. 첫째, '자발적 익명성'은 스스로의 의지로 자기 이름을 드러내지 않는 경우다. 가령 "익명의 제보자"라든가 "인터넷에서 익명으로 활동" 같은 표현이 자발적 익명성의 사례다. 둘째가 조금 복잡한데, '비자발적 익명성'은 자기 의지와는 상관없이 타자에 의해 결정되는 경우를 말한다. 자기와 관계를 맺고 있지 않은 나머지 대상은 자기에게 있어 '익명'의 존재가 되는 것이다. 이를테면 가족 같은 작은 집단에서 익명은 존재하지 않는다. 구성원 모두가 깊은 관계를 맺고 있기 때문이다. 또 명확한 가족의 테두리 덕분에 개인은 가족 구성원의 일부라는 데서 오는 안도감을 유지할 수 있다. 구성원이 적은 농촌 마을에서도 정도의 차이는 있겠지만 이와 비슷할 것이다.

대도시에서의 익명성은 어떠할까? 대도시 구성원의 한 명으로 살아가는 개인이 타인과 맺는 관계 주변의 테두리는 가족의 그것과는 다르게 불분명하다. 직장을 예로 들어보자. 직장 구성원은 유동적으로 변화하게 마련이다. 또 업무 성격에 따라 개인이 맺는 관계의 범위와 복잡도는 항상 변화하며, 이에 따라 관계를 맺거나 응대해야 하는 타인의 수는 많아지고 대상의 종류도 다양해진다. 이러한 관계 맺기의 다양성과 변동성은 개인이 속한 집단의 테두리를 불분명하게 만들고, 때로는 개인이 그 안에 있는지 밖에 있는지조차 헷갈리게 한다. 이 테두리의 모호함 속에서 자기 영역을 분명히 하고 스스로를 보호하기 위해, 개인은 다시금 자신을 감추고 익명화하는 과정을 겪게 된다. 대도시에서 익명화 과정은 이렇게 계속 반복하여 일어난다.

집단이 작으면 작을수록 익명성은 약해진다. 작은 집단에서는 구성원 간 관계가 내밀할수록 내부의 규율을 따르게 되어 있으며, 규율을 따르지 않을 경우 집단에서 강제로 배제될 가능성이 크다. 하지만 대도시에서 볼 수 있듯이 집단이 클수록 익명성은 강해진다. 대도시에서 개인은 모르는 타인에게 간섭받을 가능성이 낮다. 익명의 개인은 개인의 자격으로 쉽게 모이고 힘을 합할 수 있고, 그럼으로써 영향력을 증폭시킬 수 있다. 익명의 목소리들이 다수의 목소리를 대변할 수 있고, 익명의 개인이 다수가 되는 순간 그 힘은 사회 시스템을 뒤흔들 만큼 강력해진다. 따라서 현대의 대도시에서 익명성을 보장하는 것은 다양한 목소리, 즉 다양성이 공존하는 건강한 사회를 만드는 밑거름이기도 하다.

익명성은 양가적이다. 어두운 면이 존재한다. 개인은 하나의 익명으로서 스스로 사회 집단과 격리됨으로써 자기를 보호함과 동시에 외로움에서 헤어나오지 못할 수 있다. 당장은 그렇지 않더라도 언제든 외로움을 느낄 수 있다는 불안을 무의식적으로 안고 살아간다. 또 개인이 모인 익명의 집단 구성원들은 상대적으로 약한 타자를 무시하고 따돌리고 공격하기도 한다. 집단에 속한 익명으로서의 개인은 비윤리적 사고나 행동에 대한 제약을 상대적으로 덜 받게 되어, 익명성 속에서 집단적 사고와 행동은 더욱 극단적이 되거나 편협해질 수 있다.

도시와 건축 그리고 '관계'에 대하여

우리나라 대도시에서의 익명성은 어떠한가? 내가 볼 때 우리나라 대도시는 익명성이 강하고 그 양상이 복잡하다. 한국 현대사에서 대도시의 익명의 개인들이 집단적으로 독재 타도를 외치며 새로운 민주주의를 태동시켰고, 최근에는 촛불시위를 통해 최고 권력자를 끌어내리기도 했다. 대도시의 익명성은 도시 공간의 다양성을 가져다준다. 바삐 걷는 사람들 중 하나로 걸을 때 모르는 다른 사람들로부터 모종의 에너지를 얻게 되는 경우도 있다. 남에게 간섭받지 않는 자유, 프라이버시의 자유는 말할 것도 없다. 한국 대도시의 카페에 사람들이 넘쳐나는 이유도 아마 여기에 있을 것이다.

한편 도시의 익명성이 묻지마 범죄, SNS에서의 무분별한 비난, 남성 여성 간 혐오, 외국인 차별 등의 심각한 사회 문제를 야기시키고 있음을 간과할 수 없다. 또 도시에 사는 사람들은 전국 어디서나 볼 수 있는 똑같이 생긴 아파트 단지, 똑같은 평면에 살며 안도감을 느낀다. 그들은 자기만의 울타리를 치고 외부 익명의 타인에게 경계를 긋는다. 이러한 흐름은 날이 갈수록 강화되고 있다.

이러한 모습이 세계 어느 도시에서나 흔히 볼 수 있는 현상이기는 해도, 자본주의와 물질주의적 측면에서 둘째가라면 서러워할 한국의 현재 모습에서 도시의 익명성에 대한 어두운 측면이 도드라져 보이는 것을 부정하긴 어려워 보인다. 한국의 도시는 익명성의 어두운 면을 해결하기 위한 해법 중 하나로 CCTV를 도시 곳곳에 설치해놓고 있다. CCTV 설치는 시민들의 안전을 지키는 순기능을 한다. 다만 현대 사회에서 개인의 행동을 실시간으로 감시하고 자유를 제한하는 CCTV의 범위가 갈수록 늘어가는 도시의 모습이 과연 올바른 것인지는 논의가 더 필요하다.

사회운동가이자 언론인, 도시사상가인 제인 제이콥스Jane

Jacobs는 1961년 『미국 대도시의 죽음과 삶』*The Death and Life of Great American Cities*에서 1950년대 미국의 도시정책을 날카롭게 비평하였다. 제인 제이콥스는 이 책에서 도시의 익명성은 도시 공간을 이용하는 시민들이 서로를 감시하고 동시에 돌보며 안정적 상태를 유지하게 하는 중요한 가치라고 말한다. 그러나 익명의 타인들이 서로 느슨히 감시하고 돌보는 안정적 상태는 오늘날 대도시에서 '사실 확인'이라는 효율성의 명분으로 중앙집권적인 CCTV로 대체되고 있다.

앞서 말했듯이, 익명성의 강도와 복잡도는 개인이 속한 집단의 크기에 따라 달라진다. 그리고 익명성의 정도는 그 사회의 정치 체제에도 영향을 받는다. 우리는 자본주의 사회에 살고 있다. 자본주의 반대편에 있는 공산주의는 극단적 평등을 앞세워 국가 권력이 개인의 자유를 억압하고 다양성을 제한하는 중대한 실수를 범하며 스스로 무너져내렸다. 익명성은 아무래도 자본주의 사회에서 좀 더 잘 자라는 것 같다. '돈'과 '경쟁'을 자양분으로 성장하는 자본주의는 사람들의 자유를 최대한 보장하려 하기 때문이다. 자본주의 체제에서 개인은 돈을 벌려는 목적으로 익명의 상대와 발전을 위한 건강한 경쟁을, 또는 낙오하지 않기 위한 처절한 경쟁을 한다. 경쟁에서 밀려나거나 스스로 경쟁을 포기하는 개인은 사회로부터 고립되어 다시 한번 익명화되는 과정을 거쳐야 할지 모른다.

이러한 측면에서 나는 공산주의와 자본주의 사이 어디쯤에 있는 사회민주주의 체제의 도시를 살펴보는 일이 의미 있다고 생각했다. 사회민주주의 체제가 만들어낸 도시의 익명성은 어떠한 방식으로 존재할까? 사회민주주의 체제가 형성한 도시의 익명성은 자본주의의 그것보다 덜할까 아니면 더할까? 나는 이 질문에 명쾌한 답을 제시할 수는 없다. 우선 대도시에서 익명성의 강도가 센 것과 약한 것 중 어느 쪽이 더 바람직한가라는 질문은 익명성의 양가성 때문에 어리석은 질문이 되어버릴 것이다. 또한 나의 능력이 턱없이 부족한 것은 차치하고서라도, 도시는 하나의 명제로 정의되기에 너무도 복잡하고 변화무쌍하기 때문이다.

그래서 이 질문에 대한 정답을 제시하려 하기보다, 내가 거주하고 있는, 사회민주주의 체제가 만들어낸 덴마크 수도 코펜하겐을 중심으로 디자인, 건축, 도시에 대한 이야기를 하면서 그곳 사람들이 살아가는 일상을 들여다보고자 했다.

덴마크적 일상에는 내가 나고 자란 한국과 미묘한 차이가 있었다. 그 미묘한 차이라 함은 프롤로그에서 언급했듯이 사람들이 관계를 맺는 방식의 차이를 말한다. 이 책은 일상에서 그들의 조금은 특별한 관계 맺는 방식이 디자인, 건축, 도시에 어떻게 각인되어 있는지 서술하는 데 초점이 맞춰져 있다. 그리고 디자인, 건축, 도시가 사람들의 관계 맺는 방식에 다시 어떠한 영향을 미치는지 이야기하려고 했다.

이 책에서 다루고 있는 대상은 그리 일관되지 않다. 그저 서로 느슨한 연관성만을 가지고 있을 뿐이다. 그리고 독자들이 이 책을 서로 다른 퍼즐을 맞추는 방식으로 읽을 수 있도록 구성했다. 퍼즐의 결과물이 독자의 방식에 따라 달라질 수도 있으리라는 바람과 함께 말이다. 나는 저자로서 나만의 방식으로 첫 번째 퍼즐을 완성하였고, 그것이 '관계도시'라는 이 책의 주제가 되었다.

참고한 책들

1. 사람과 사람

Andrew Hollingsworth, *Danish Modern*, Gibbs Smith, 2008.
Erik Steffensen, *Poul Henningsen*, Lindhardt og Ringhof, 2015.
Finn Holden, *Christian IVs*, Dreyer Forlag, 2012.
Joakim Skovgaard, *A King's Architecture: Christian IV and His Buildings*, London: Hugh Evelyn, 1973.
Malene Lytken, *Danske lamper—1920 til nu*, Strandberg Publishing, 2019.
Mark Mussari, *Danish Modern: Between Art and Design*, Bloomsbury Academic, 2016.
Mike Rømer, *Finn Juhl & Onecollection*, Vita, 2013.
Per H. Hansen(Author), Birgit Lyngbye Pedersen(Editor), Mark Mussari (Translator), *Finn Juhl and His House*, Hatje Cantz, 2014.
Steven M. Borish, *The Land of the Living: The Danish Folk High Schools and Denmark's Non-Violent Path to Modernization*, Blue Dolphin Publishing Inc., 1991.
Thomas Dickson, *Dansk Design*, Murdoch Books, 2006.

2. 사람과 집단

재키 울슐라거, 전선화 옮김, 『안데르센 평전』, 미래M&B, 2006.
Christian Holmstedt Olesen(Author), Mark Mussari(Translator), *Hans J. Wegner: Just One Good Chair*, Hatje Cantz, 2014.

Dick Urban Vestbro; Liisa Horelli, "Design for Gender Equality: The History of Co-Housing Ideas and Realities," *Built Environment*, Vol. 38 No. 3, 2012.

Finn Vedel-Petersen; Erik Jantzen; Karen Ranten, *Bofællesskaber: en eksempelsamling*, Statens Byggeforskningsinstitut, 1988.

Henrik Gutzon Larsen, "Three phases of Danish cohousing: tenure and the development of an alternative housing form," *Housing Studies*, Vol. 34 No. 8, 2019.

Jacob Ludvigsen, *Christiania: Fristad i fare*, Ekstra Bladet, 2003.

Karen A. Franck; Sherry Ahrentzen, *New Households, New Housing*, Van Nostrand Reinhold Company, 1989.

Lars Dybdahl, *Furniture Boom: Mid-Century Modern Danish Furniture 1945-1975*, Strandberg Publishing, 2019.

Lise Reinholdt, *Bosætnings eksperimenter*, Svanholm Forlag, 1997.

Martin Keiding, *Arkitekturen på Carlsberg*, Arkitektens Forlag, 2008.

Martin Zerlang, *Orientalism and Entertainment illustrated by Tovoli in Copenhagen*, Københavns Universitet. Institut for litteraturvidenskab. Center for Urbanitet og Æstetik,1995.

Michael Sheridan, *Room 606: The SAS House and the Work of Arne Jacobsen*, Strandberg Publishing, 2023.

Norbert Schoenauer, "Collective Habitation: From Utopian Ideal to Reality," *The Fifth Column*, Vol.5 No.3/4: Utopia/Utopie, 1985.

Pernille W. Lauritsen, *Christiania*, Gyldendal, 2012.

Peter Thielst; Karen Dinesen, *Kierkegaard In Golden Age Copenhagen: A Concise And Pictorial Introduction*, Det lille Forlag, 2004.

Sandon Lee, *The Commune Movement During the 1960s and the 1970s in Britain, Denmark and the United States*, University of Leeds, 2016.

Svend Erik Møller, *Danish Design*, Det Danske Selskab, 1974.

3. 사람과 이념

Clemens Pedersen, *The Danish Co-operative Movement*, Det Danske Selskab, 1977.

Flemming Lundgreen-Nielsen, "Grundtvig as a Danish Contribution to World Culture," *Grundtvig-Studier* 48(1), 1997. https://doi.org/10.7146/grs.v48i1.16245

Gøsta Knudsen og Jørgen Nue Møller, *Mellem borgerskab og boligfolk: historien om KAB 1920-2006*, KAB, 2008.

Henrik Gutzon Larsen; Anders Lund Hansen, "Commodifying Danish Housing Commons," *Geografiska Annaler. Series B, Human Geography*, Vol.97 No.3, Taylor & Francis, Ltd., 2015.

Henrik Gutzon Larsen and Anders Lund Hansen, "Gentrification—Gentle or Traumatic? Urban Renewal Policies and Socioeconomic Transformations in Copenhagen," *Urban Studies*, Vol.45 No.12, Sage Publications, Ltd.

Joanna Leach, "Shared Property, Shared Capital, Shared Values? The Danish Andelsbolig Housing Model in Transition," Ph.D thesis, University of Sheffield, 2016.

Lars A. Engberg, *Social housing in Denmark*, Roskilde University, 2000.

Lars Hedebo Olsen, *Børge Mogensen*, Lindhardt og Ringhof, 2016.

Michael Müller, *Børge Mogensen: Simplicity and Function*, Hatje Cantz, 2017.

Niels Jensen, *The History of The Allotment Gardens in Copenhagen*, City Farmer, 1996.

Per H. Hansen, *En lys og lykkelig fremtid: historien om FDB-møbler*, Samvirke, 2020.

Socialministeriet, *Den almene boligsektors fremtid: rapport fra arbejdsgruppen vedrørende fremtidsperspektiver for en mere selvbærende almen sektor*, 2006.

Rikke Skovgaard Nielsen; Lene Wiell Nordberg; Hans Thor Andersen,

"Taking the Social out of Social Housing? Recent Developments, Current Tendencies, and Future Challenges to the Danish Social Housing Model," *Tidsskrift for boligforskning*, Vol.6 Iss.2, 2023.

4. 사람과 도시

Jan Gehl, *Life Between Buildings: Using Public Space*, Island Press, 2011.
Jan Gehl; Lars Gemzøe, *Public Spaces Public Life*, The Danish Architectural Press, 1996.
Jan Gehl; Lars Gemzøe, *New City Spaces*, The Danish Architectural Press, 2014.

에필로그

게오르크 짐멜, 김덕영·윤미애 옮김, 『짐멜의 모더니티 읽기』, 새물결, 2005.
제인 제이콥스, 유강은 옮김, 『미국 대도시의 죽음과 삶』, 그린비, 2010.
최성환, 『익명과 상식에 관하여 – 개인과 사회의 새로운 관계성을 향한 탐구의 여정』, 좋은땅, 2023.